실습으로 익히는

기초 전자회로

최 홍 주 저

오성미디어

머리말

전기·전자·정보통신공학은 내용이 다양하고 발전속도가 매우 빠르고, 첨단을 지향하는 분야이기에 산업 전반에 폭넓게 적용되고 있다. 오늘날 정보통신기술(IT), 컴퓨터 계측제어, 산업전자의 발달은 이러한 첨단 전기·전자·정보통신공학기술의 향상에 기인하는 것이다.

본 실험교재는 전기·전자·정보통신 관련학과에서 요구하는 필수적인 하드웨어 기초과정에 해당하는 내용을 선별하였으며, 1년 과정으로 기초 실험수업을 하는데 무리가 없을 것으로 생각된다.

이 실험교재에서는 각 실험마다 실험과정을 자세히 설명하였으며, 또한 실험에 필요한 이론을 요약하여 정리하였다. 이렇게 함으로써 실험내용에 대한 예습을 통하여 이론지식을 갖고 실험에 임할 수 있으므로 실험이해는 물론 응용능력 향상에도 크게 도움이 되리라 생각된다.

이 실험교재를 펴내면서 국내외 여러 도서를 참고하였기에 이들 저자님들에게 깊은 감사의 말씀을 드립니다.

실험테마설정 및 내용에 누락된 점이 있으리라 생각되어 독자 여러분의 고견에 따라 수정·보완해 나갈 것이다.

본 교재가 전기 · 전자 · 정보통신 분야를 이용하는 산업체 종사자와 공학도들에게 조금이나마 도움이 되길 바란다.

아울러 본서의 출판과정에서 지대한 관심을 가지시고 저자와 많은 대화를 나누어 주신 오성미디어 오성결 사장님이하 직원 여러분들에게 깊은 감사를 드립니다.

저자

목 차

실험 1 오실로스코프 사용법

<table>
<tr><td>실습목적</td><td colspan="4">• 펑션제너레이터의 조작법을 이해한다.
• 오실로스코프의 기능과 각 조절기의 조작방법을 이해하고, 동작기법을 숙지한다.</td></tr>
<tr><td rowspan="3">실습준비물</td><td>계측기</td><td colspan="2">• 오실로스코프
• 함수발생기
• 가변직류전원</td><td>1대
1대
1대</td></tr>
<tr><td rowspan="2">부 품</td><td>• 브레드보드</td><td></td><td>1개</td></tr>
<tr><td>• 저항</td><td>470Ω, 680Ω, 1kΩ, 2kΩ</td><td>각1개</td></tr>
</table>

I 이론

1.1 함수발생기(FUNCTION GENERATOR)

그림 1.1은 EZ사의 FG-7002G 함수발생기로서 0.02Hz~2 MHz의 출력주파수에 대하여 왜곡이 작은 정현파와 구형파, 삼각파의 출력을 얻을 수 있다. 출력은 5-Range의 Attenuator(감쇄기)와 진폭을 조정하여 임의의 출력을 얻을 수 있다. 그림 1.1에서 번호의 명칭 및 기능은 다음과 같으며 이는 FG-7002G 장비의 매뉴얼을 이용하였다.

1.1.1 명칭 및 기능

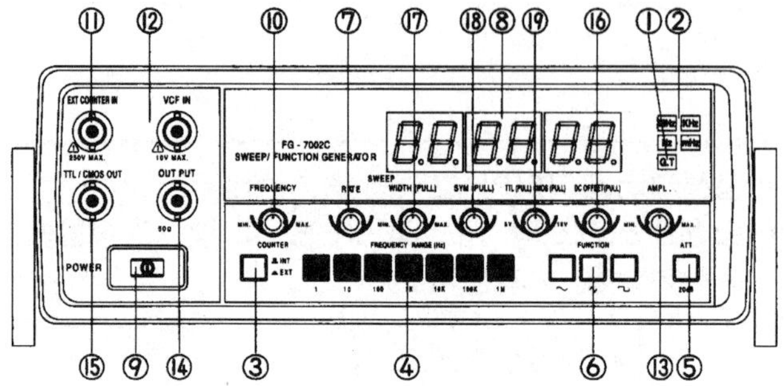

그림1.1 함수발생기 전면도

명 칭	기 능
① GATE 시간표시기	내부/외부 주파수 측정 시 게이트시간을 표시
② 단위표시 램프	화면에 표시된 측정값과 주파수 단위 표시
③ 측정신호 선택스위치	내부 발생주파수 또는 외부 입력주파수 측정을 선택
④ 주파수범위선택스위치	원하는 발생 주파수범위 선택
⑤ 감쇄기	출력되고 있는 신호의 크기를 20dB 감쇄시킴
⑥ 파형선택 스위치	출력파형을 선택하는 스위치로 정현파, 삼각파, 구 형파를 발생한다.
⑦ 소인속도조절손잡이	내부 소인기능 동작시 소인속도를 조절
⑧ 주파수 표시기	내부/외부 주파수 값을 표시
⑨ 전원 스위치	누르면 전원이 켜지고, 다시 한 번 누르면 꺼진다
⑩ 주파수 다이얼	이 다이얼을 돌려 발생주파수를 조정
⑪ 외부주파수입력단자	외부주파수를 측정하고자 할 때 신호를 이곳에 연결
⑫ VCF 입력단자	신호를 외부에서 입력하고자 할 때 이곳에 신호원을 연결
⑬ 출력레벨 조절기	조절기를 좌우로 돌리면 출력신호 크기가 증감
⑭ 출력 단자	발생되는 신호가 출력되는 곳
⑮ TTL/CMOS 출력단자	TTL/CMOS 신호를 사용할 때 이 단자에 연결
⑯ DC Offset 조절손잡이	출력신호의 DC OFFSET을 조절하기 위해서는 이 손잡이를 조절
⑰ 소인 폭 조절 손잡이	소인기능 사용 시 소인 폭 조절
⑱ Symmetry 조절손잡이	출력파형의 대칭 또는 경사를 조절하고자 할 때 사용
⑲ TTL/CMOS조절손잡이	CMOS 레벨을 조절하고자 할 때 이 손잡이를 당겨서 원하는 레벨로 조절

1.1.2 작동방법

(가) 함수 발생기(FUNCTION GENERATOR)

(1) 기능 스위치 및 조절기들을 아래와 같이 놓는다.

- 소인 폭 조절 : OFF
- Symmetry 조절 : OFF
- DC OFFSET : OFF
- 감쇄기 : 0dB

(2) 주파수 선택스위치를 사용하여 발생시키고자 하는 주파수의 범위를 선택하고, 주파수 다이얼을 돌려서 원하는 주파수로 조정한다.

(예) 5kHz 주파수를 발생시킬 경우

1) 주파수 선택스위치 중 "x 1k"를 누른다.

2) 주파수 다이얼을 중간위치에 위치시킨다. 정확한 주파수는 다이얼을 좌우로 돌리면서 맞춘다.

3) 그러면 5.000kHz 원하는 주파수가 발생한다.

(3) 파형선택 수위치를 이용하여 정현파, 삼각파, 혹은 구형파 가운데 원하는 파형을 선택한다.

(4) 50Ω 출력단자에 케이블을 연결한 후 출력신호를 공급한다.

(5) 출력레벨 조절기를 사용하여 원하는 출력파형의 크기로 맞춘다.

(6) DC OFFSET 조절기를 사용하여 출력신호에 "+" 또는 "−"의 원하는 직류 전압을 가한다.

(7) 고정된 레벨의 TTL 구형파를 "SYNC" 출력단자에서 사용할 수 있으며 이 신호는 출력레벨 조절기, 감쇄기, DC OFFSET조절기의 영향을 받지 않는다.

(나) 펄스 파형발생기(PULSE GENERATOR)

좌우 대칭이 이루어진 구형파, 정현파 및 삼각파의 +와 −의 변이는 같은 주기 또는 1:1 비율이다. 이것은 SYMMETRY 조절기가 "초기상태(PRE-SET)"에 놓여 있는 상태이다. SYMMETRY 조절기를 가변함으로써 최대 10:1로 좌우 대칭 비를 조절할 수 있으므로 구형파에서 직사각형파 및 펄스파, 삼각파에서 톱니파 및 비틀린 정현파를 출력으로 공급할 수 있다.

(1) 주파수 선택스위치를 사용하여 발생시키고자 하는 주파수 범위를 선택하고 주파수 다이얼을 돌려서 원하는 주파수로 조정한다.

(2) 파형 선택스위치를 이용하여 정현파, 삼각파, 구형파 가운데 원하는 파형을 선택한다.

(3) SYMMETRY 조절기를 가변시켜 원하는 비율로 조절한다.

1.2 오실로스코프(OSCILLOSCOPE)

1.2.1 명칭 및 기능

그림1.2는 오실로스코프의 전면을 나타낸 것이다.

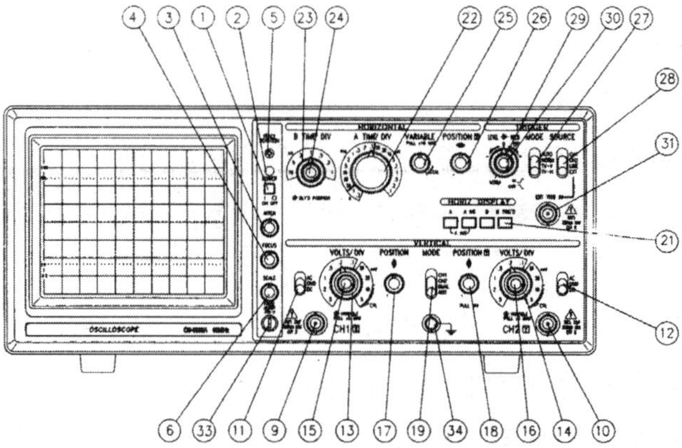

그림1.2 오실로스코프 전면 부

구분	번호	명 칭	기 능
화면조정과전원부	①	POWER 스위치	전원 스위치를 누르면 ON이 되고 (들어간 상태) 다시 한 번 누르면 OFF된다. (나온 상태)
	②	POWER 램프	장비전원 ON시 녹색 램프가 점등 된다.
	③	INTENSITY	CRT의 휘도를 조절한다. 시계 방향으로 돌리면 밝기가 증가한다.
	④	FOCUS	소인선이 가장 가늘고 선명하게 되도록 조정한다.
	⑤	TRACE ROTATION	CRT의 수평선과 일치 하도록 조정한다.
	⑥	SCALE ILLUM.	눈금의 밝기 조절을 하며, 어두운 곳에서 관측할 때나 화면의 사진촬영을 할 때 사용한다.
	⑦	전압 선택기	사용전원에 맞게 선택이 가능하다.
	⑧	전원 커넥터	AC전원코드 사용 시 연결과 제거가 용이하다.

구분	번호	명칭	기능
수직증폭부	⑨	CH1, X IN 콘넥터	입력신호를 CH1수직증폭부로 연결하거나 X-Y동작시 X축 신호가 된다.
	⑩	CH2, Y IN 콘넥터	입력신호를 CH2 수직증폭부로 연결하거나 X-Y 동작시 Y축 신호가 된다.
	⑪ ⑫	AC, DC, GND	입력신호와 수직 증폭단의 연결 방법을 선택할 때에 사용한다. · AC : 입력 커넥터와 수직 증폭기 사이에 커패시터가 있어 신호의 DC 성분을 차단시킨다. · GND : 수직 증폭기 입력 단을 접지시킴으로서 GND가 기준점이 된다. · DC : 입력 커넥터와 수직 증폭부 사이를 직접 연결하여 수직증폭부로 입력신호를 직접 연결한다.
	⑬ ⑭	VOLTS/DIV	수직 편향감도를 선택하는 단계별 감쇄기로서 입력신호의 크기에 관계없이 파형관측이 가능하며, 파형관측이 용이하도록 적절한 위치에 놓고 사용한다.
	⑮ ⑯	VARIABLE	수직 편향감도를 연속적으로 변화시킬 때 사용하는 미세조정가로서 반시계 방향으로 완전히 돌리면 감쇄비는 지시치의 1/2.5이하가 된다.
	⑰ ⑱	POSITION	수직축 파형을 이동시킬 때 사용한다. 시계방향으로 돌리면 파형이 위로 이동하고 반시계 방향이면 아래로 이동 한다. · PULL CH2. INV: 손잡이를 당기면 CH2에 가해진 신호가 반전되어 나타난다.
	⑲	V.MODE	수직축의 표시 형태를 선택하는데 사용된다. · CH1: CH1에 입력된 신호만 CRT상에 나타난다. · CH2: CH2에 입력된 신호만 CRT상에 나타난다. · DUAL : CH1과 CH2에 입력된 두 신호를 동시에 CRT상에 나타난다. · CHOP : TIME/DIV 0.1s~5ms · ALT : TIME/DIV 2ms~0.1μs · ADD : CH1, CH2의 휘선이 대수합으로 나타난다.
	⑳	CH1 OUT 콘넥터	CH1에 입력된 신호의 일부를 증폭하여 주파수 카운터나 기타 장비로 공급한다.

구분	번호	명칭	기능
소인과동기부	㉑	HORIZONTAL DISPLAY	소인 형태를 선택한다. · A: A 소인만 나타납니다. 일반적인 설정 단이다. · A INT: A 소인만 나타나지만 휘도변조에 의해 B 소인에 대한 부분이 밝게 나타난다. · B: 휘도 변조된 부분이 확대되어 화면전체에 나타난다.
	㉒	A TIME/DIV	X-Y동작을 선택할 수 있다. · B TRIG'D: 지연 소인이 첫 번째 동기 펄스에 의해 동기된다. 교정된 주시간 간격, 지연소인 동작을 위한 지연시간을 선택할 수 있다.
	㉓	B TIME/DIV	교정된 지연 B시간축의 소인시간을 선택한다.
	㉔	DELAY TIME POSITION	A소인에 B 소인을 선택했을 때 정확한 시작점을 맞추는데 사용한다.
	㉕	A VARIABLE	교정된 위치로부터 A 소인 시간을 연속적으로 변화시키는데 사용한다.

			· PULL×10MAG: 스위치를 당기면 소인시간이 10배로 확대되며 이때 소인시간은 TIME/DIV 지시치의 1/10이 된다. 수평축 위치를 조정하여 확대시킬 부분을 수직축 중앙 눈금선과 맞추고 ×10MAG 스위치를 당기면 중앙을 중심으로 좌우 확대된 파형이 나타납니다. 이때 소인 시간은 TIME/DIV 지시치의 1/10이 된다.
	㉖	수평축 POSITION	수평 위치조정에 사용되며 파형의 시간 측정과는 독립적으로 사용된다. 손잡이를 시계방향으로 돌리면 우측으로 이동하고 반시계방향으로 돌리면 좌측으로 이동한다. · PULL CH2. INV: 손잡이를 당기면 CH2에 가해진 신호가 반전되어 나타난다.
	㉗	TRIGGER MODE	소인동기 형태를 선택한다. · AUTO: 소인은 자동적으로 발생합니다. 동기 신호가 있을 때에는 정상적으로 동기된 소인이 얻어지고 파형은 정지한다. 신호가 없거나 동기가 안된 경우에도 소인은 자동적으로 발생한다. 일반적인 사용에서는 이 위치가 편리하다. · NORM: 동기된 소인을 얻을 수 있으나 동기 신호가 없거나 동기가 안 되면 소인은 발생되지 않는다. 낮은 주파수(약 25Hz이하)에서 효과적인 동기를 시키고자 할 때 유효하다. · TV-V: 프레임 단위의 비디오 합성신호를 측정하는데 사용한다. · TV-H: 주사선 단위의 비디오 합성신호를 측정하는데 사용한다.
	㉘	동기 SOURCE	TRIGGER SOURCE의 편리한 부분을 선택할 수 있다. · CH1: CH1에 신호가 있을 때 TRIGGER SOURCE로 CH1을 선택 할 수 있다. · CH2: CH2에 신호가 있을 때 TRIGGER SOURCE로 CH2을 선택할 수 있다. · LINE: AC전원의 주파수에 동기되는 신호를 관측하는데 사용한다. 측정신호가 포함되는 전원에 의한 성분을 안정되는 관측 할 수 있다. · EXT: 외부 신호가 동기 신호원이 된다. 수직축 신호의 크기와 관계없이 동기 시킬 때 사용한다.
	㉙	HOLD OFF	주소인의 HOLD OFF 시간을 변경시킴으로서 복잡한 신호를 확실하게 동기시킨다. 소인시간을 늘려서 고주파 신호나, 불규칙한 신호, 또는 DIGITAL신호 등의 복잡한 신호를 TRIGGER시키는데 유효하다. 안정된 동기를 위해 서서히 조정하도록 한다. 통상 완전히 반시계 방향으로 돌려놓고 사용한다.
	㉚	TRIG LEVEL	동기신호의 시작점을 선택한다. 손잡이를 시계방향으로 회전시키면 동기되는 시작점이 + 최고치 쪽으로 움직이고 반대로 돌리면 시작점이 - 최고치 쪽으로 움직인다. 동기 SLOPE: 초기 소인의 동기 SLOPE 선택을 위해 사용한다. 누름상태에서는 +SLOPE이고 당긴 상태에서는 -SLOPE이다.
	㉛	EXT TRIG IN	외부 동기 신호를 TRIGGER 회로에 연결할 때 사용한다.

기타	㉜	EXT BLANKING INPUT 콘넥터	CRT 휘도 변조를 위해 신호를 입력하는 단자로서, +신호를 입력하면 휘도가 감소되고, -신호를 입력하면 증가된다.
	㉝	CAL 단자	PROBE 보정과 수직증폭기 교정을 위한 구형파(0.5V, 1㎑)를 출력한다.
	㉞	GROUND 커넥터	접지 연결단자이다.

1.2.2 초기 동작 시 조정

측정을 시작하기 전에 다음 순서를 따라 한다.

(1) 조정 손잡이는 다음과 같이 설정한다. (CH1을 중심으로 설명)

- POWER 스위치 (①) : OFF (나온 상태)
- INTEN (③) : 완전히 반시계 방향
- FOCUS (④) : 중앙
- AC-GND-DC (⑪) : AC
- VOLT/DIV (⑬) : 20㎷
- 수직 POSITION ⑰ : 누른 상태에서 중앙에 위치
- VARIABLE (⑮) : 누른 상태에서 완전히 시계 방향
- V. MODE (⑲) : CH1
- TIME/DIV (㉒) : 0.5㎳
- TIME VARIABLE (㉕) : 누름 상태에서 완전히 시계방향
- 수평 POSITION (㉖) : 중앙
- TRIGGER MODE (㉗) : AUTO
- TRIGGER SOURCE (㉘) : CH1
- TRIGGER LEVEL (㉚) : 중앙
- HOLD OFF (㉙) :NORM (최대 반시계 방향)

(2) 전원 코드를 전원 콘넥터(⑧)에 연결한다.

(3) POWER 스위치 (①)을 누르면 POWER 램프(②)가 켜지고 NTEN. (③)을 돌려 관찰하기 적당한 밝기가 되도록 조절한다.

(4) FOCUS(④)를 가장 가늘고 선명한 상태가 되게 조정한다.

(5) 휘선이 수평 눈금과 일치하는지 확인한다. 휘선이 수평 눈금과 일치 하지 않을 시에는 TRACE ROTATION(⑤)를 조정하여 일치 시킨다.

(6) PROBE를 CH1, X IN(⑨)에 연결하고 팁을 CAL 단자(㉝)에 연결한다. 이때

PROBE 감쇄비는 10× 위치에 놓고 VOLT/DIV(⑬)은 10㎷에 놓는다.

(7) 구형파의 윗부분이나 일부분이 경사지게 뾰족하게 되면 PROBE의 조정 단자를 작은 드라이버를 이용하여 조정한다.

1.2.3 1현상 측정

1현상 측정은 하나의 신호를 측 정하고자 할 때는 이 모드를 사용한다. 오실로스코프는 2개의 채널을 가지고 있으므로 CH1, CH2중 하나를 선택하면 된다.

(1) CH1 사용 시에는 다음과 같이 설정한다.

• POWER 스위치 (①)	: ON
• AC-GND-DC (⑪)	: AC
• 수직축 POSITION (⑰)	: 누른 상태에서 중앙
• VARIABLE (⑮)	: 누른 상태에서 시계방향으로 완전히 돌려 놓는다.
• V. MODE (⑲)	: CH1
• HORIZ DISPLAY	: A
• TIME VARIABLE (㉕)	: 누른 상태에서 시계방향으로 완전히 돌려 놓는다.
• TRIGGER MODE (㉗)	: AUTO
• TRIGGER SOURCE (㉘)	: CH1
• TRIGGER LEVEL (㉚)	: 중앙
• HOLD OFF (㉙)	: NORM (반시계 방향의 끝에 위치 시킴).

(2) 수직축 POSITION을 조정하여 휘선을 CRT의 중앙에 위치시킨다.

(3) INPUT 커넥터 (⑨)로 신호를 연결시키고 VOLT/DIV(⑬)를 돌려 CRT에 충분한 신호가 나타나게 된다.

(4) TIME/DIV(㉒)를 돌려서 신호가 원하는 주기가 되도록 한다. 일반적인 측정에서는 2-3주기가 나타나는 것이 적당하고 밀집된 파형 관측시는 50-100주기가 나타나게 하는 것이 적당하다. 그리고 TRIGGER LEVEL(㉚)을 돌려 안정된 파형이 나타나도록 조정한다.

(5) VOLT/DIV 스위치를 5㎷에 위치했는데도 측정할 신호가 작아서 동기가 되지

않거나 측정이 곤란할 경우 VARIABLE (PULL ×5 MAG)(⑮)을 당긴다. 이때 VOLT/DIV스위치가 5㎷인 경우 1㎷/DIV으로 되고 주파수 대역폭은 20㎒로 감소되며 휘선에 잡음이 증가하게 된다.

(6) 측정하려고 하는 신호가 고주파로 TIME/DIV 스위치를 0.1㎲위치에 놓고도 너무 많은 주기가 나타 날 때 TIME VARIABLE (PULL ×10MAG)(㉕)를 당긴다. 그러면 소인 속도가 10배 증가되기 때문에 이때 0.1㎲는 10ns/DIV이 되며 0.2㎲인 경우는 20ns/DIV이 된다.

(1㎲/DIV에서 ×10 확대 시 ±10%, 그 이하는 ×10 확대 시 ±5%)

(7) DC혹은 매우 낮은 주파수를 측정할 경우 AC 결합은 신호의 감쇄나 찌그러짐이 발생함으로 AC-GND-DC 스위치(⑪)를 DC에 놓고 사용한다. TRIGGER MODE(㉗)의 NORM은 재 소인되는 위치로서 신호주파수가 25㎐이하인 저주파 관측 시 TRIGGER LEVEL(㉚)을 조정하여 측정할 수 있다.

1.2.4 진폭 측정

오실로스코프의 전압측정은 일반적으로 최대값 측정(p-p)과 순시치 최대값(p-p)측정의 2가지가 있다. 순시치 전압측정은 GND 기준으로부터 파형상의 각 점의 전압을 측정하는 것입니다. 위의 측정을 모두 정확히 하기 위해서 VARIABLE은 시계 최대방향으로 반드시 돌려놓는다. 아래의 그림은 일반적으로 사용되는 파형과 파형의 주기를 나타낸 것이다.

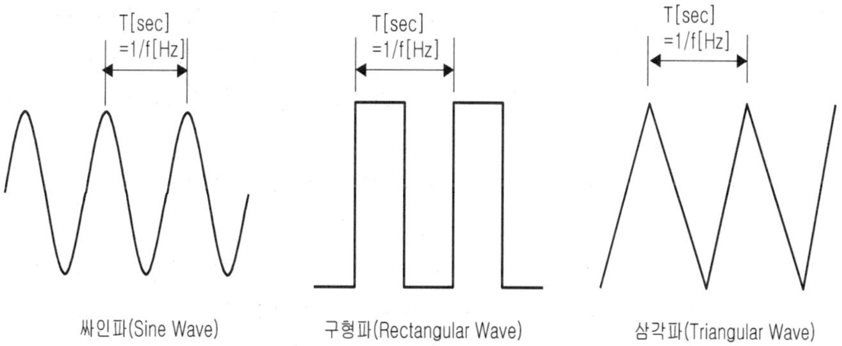

그림1.3 파형의 종류와 파형 주기

(1) 최대값 (p-p) 전압 측정

1. 오실로스코프 수직모드의 스위치는 기본측정과 같이 설정한다.
2. TIME/DIV(㉒)는 2-3주기 정도의 파형이 되도록 조정하고, VOLTS/DIV 스위치는 CRT 화면 내에 파형이 들어오도록 적당히 조정한다.
3. 수직 POSITION [17]와 [18]을 적당히 조정하여 파형의 끝부분을 CRT 화면의 수평눈금과 일치 시킨다.
4. 수평 POSITION(㉙)를 적당히 조정하여 CRT관면의 중앙 수직선상에 파형의 끝부분이 오도록 조정한다.
5. 파형의 위쪽 끝부분과 아래쪽 끝부분의 눈금을 세어서 그 값에다 VOLTS/DIV스위치의 값을 곱하면 최대값(p-p)이 된다.
6. 만약 수직 확대 표시가 ×5모드이면 측정값에다 5를 나누어 준다. PROBE가 10:1 이면 10배를 곱해준다.
7. 100㎐ 이하의 정현파나 1㎑ 이하의 구형파를 측정할 때는 AC/GND/DC스위치를 DC에 놓는다.

(2) 시간 간격 측정

동기소인 오실로스코프의 두 번째 중요한 측정이 바로 시간간격 측정이다. CRT 면에 균등하게 표시되어 있는 눈금은 시간 축 스위치에 맞추어 모두 교정이 되어 있기 때문에 시간 간격 측정이 가능하다.

1. 1현상 측정에서와 같이 스위치를 설정한다.
2. TIME/DIV(㉒)를 파형이 될 수 있는 한 크게 화면에 나오도록 설정한다. TIME VARIABLE[24]는 잠김 소리가 날 때까지 시계방향 최대로 돌린다. 만약 이렇게 하지 않으면 측정값이 부정확하게 되므로 주의하기 바란다.
3. 수직 POSITION (⑰)을 조정하여 수평눈금 중앙에 측정하고자 하는 파형을 일치 시킨다.
4. 수평 POSITION(㉖)을 돌려 파형의 왼쪽을 수직눈금에 일치시킨다.
5. 측정하고자 하는 지점까지의 눈금을 센다.
6. 5항에서 측정한 눈금에다 TIME/DIV스위치가 설정한 값을 곱하면 구하고자 하는 시간이 된다. 만약 TIME VARIABLE(㉕)가 당겨져 있으면 (×10 확대 모드) 측정값에다 10을 나누어 준다.

(3) 주파수 측정

> 주파수는 주기와 상호 관련이 있습니다. 우선 간단히 2-3-2.의 시간간격 측정에서 나오는 주기 t를 알았다고 한다면 주파수는 1/t로 계산하여 간단히 구할 수 있다.
>
> 1/T의 공식을 적용하여 주기가 초 일 때는 주파수는 ㎐가 되고, 주기가 밀리 초(㎳)이면 주파수는 ㎑, 주기가 마이크로초(㎲)이면 주파수는 ㎒가 된다. 주파수의 정확도는 시간축의 정확한 교정과 세밀한 주기측정에 의해 결정된다.

(4) 오실로스코프 사용 예

다음은 사인파를 이용하여 전압과 주파수를 측정해 보자. 싸인파가 아래와 같이 입력되고 있다면 사용자가 VOLT/DIV를 1V 위치에 놓고, TIME/DIV를 1ms에 놓았다면 수직 축의 작은 눈금 하나는 0.2V를 나타낸다. 전압은 GND를 중심으로 (+)로 2칸하고 작은 눈금 3칸이고 (-)로 2칸하고 작은 눈금 3칸에 위치하고 있으므로 (+)쪽은 2칸×1V+ 3×0.2V = 2.6V, (-)도 마찬가지로 -2.6V가 된다. 따라서 이 신호의 전압크기는 ±2.6V이다. 주기는 1칸이 1ms이므로 싸인파의 한 주기에 해당하는 눈금이 3칸이 되므로 3칸×1ms=3ms이다 이 값을 주파수로 나타내면 1/3ms는 약 333Hz가 된다.

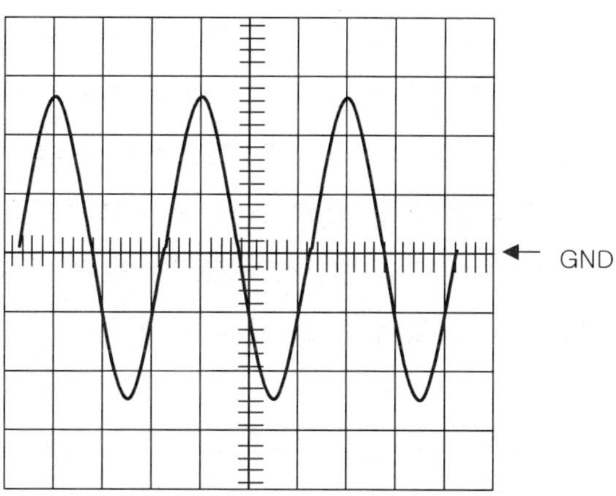

그림1.4 사인파 주기측정

주의) GND를 사용자가 설정한 다음에는 신호 측정시 신호의 오프셋을 조정한다고 (⑰)로 신호를 상하로 조정하면 GND의 위치가 틀려지므로 한번 조정한 후 측정이 시작되면 (⑰)로 오프셋 조정하지 말아야 한다.

Ⅱ 실험

실험 1

(가) 그림1.5의 회로를 구성하시오.

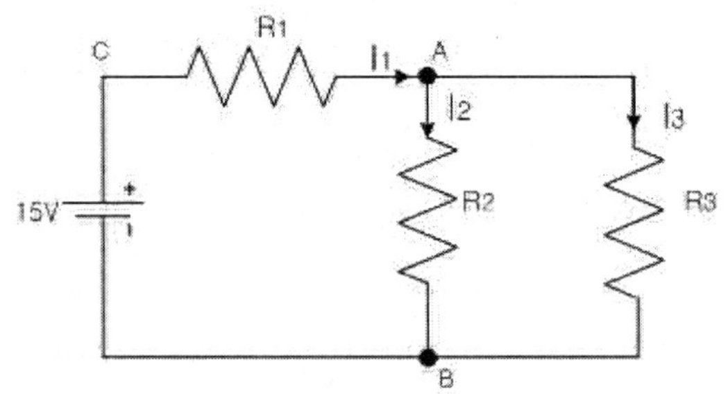

$$(R_1 = 2k\Omega,\ R_2 = 680\Omega,\ R_3 = 470\Omega))$$

그림1.5

(나) 오실로스코프 프로브의 (-)를 B점에 놓고, 프로브의 (+)를 C점에 놓았을 때 오실로스코프에 나타난 전압 값을 읽고 표1-1에 기록하시오.

(다) 오실로스코프 프로브의 (-)를 B점에 놓고, 프로브의 (+)를 A점에 놓았을 때 오실로스코프에 나타난 전압 값을 읽고 표1-1에 기록하시오.

(라) 오실로스코프 프로브의 (-)를 A점에 놓고, 프로브의 (+)를 C점에 놓았을 때 오실로스코프에 나타난 전압 값을 읽고 표1-1에 기록하시오.

표1-1

위치	V_{C-B}	V_{A-B}	V_{C-A}
측정값(V)			

실험 2

(가) 함수발생기를 이용하여 다음 신호를 만든 후 오실로스코프로 측정하여 그 결과를 그리시오.

(a) 정현파 5 V_{p-p}, 1kHz .

(b) 삼각파 $\pm 10\,V$, 500Hz.

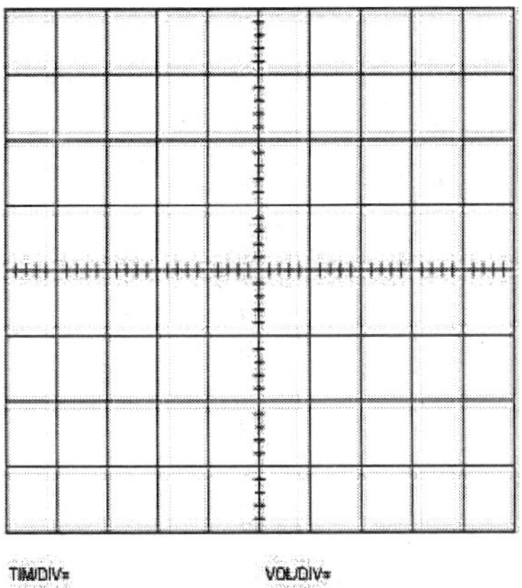

(a)

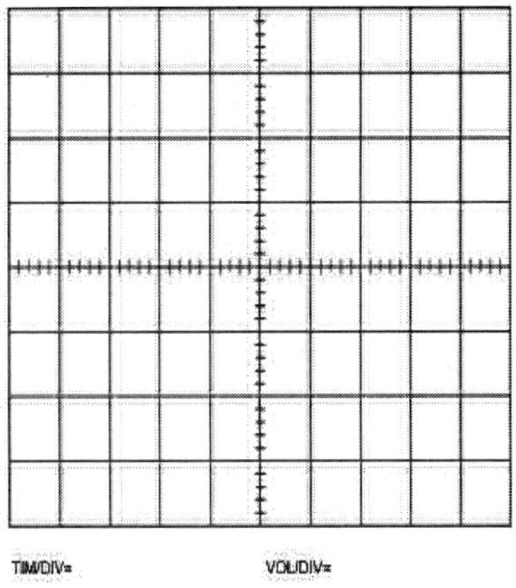

(b)

(c) 구형파 $\pm 10\,V$ 2.5kHz.

(d) 진폭이 +5V, 주파수가 10kHz인 구형파.

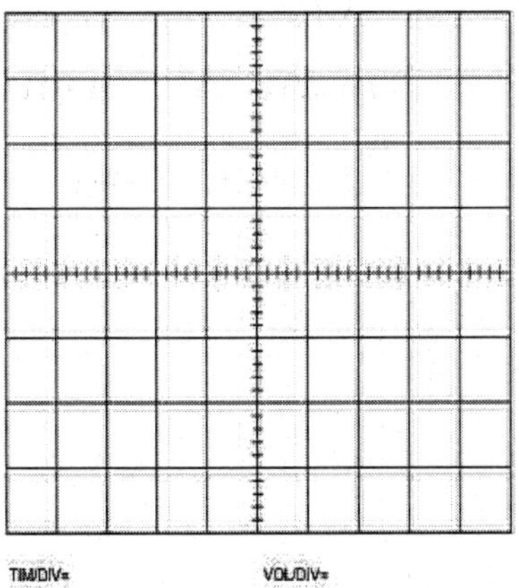

(c)

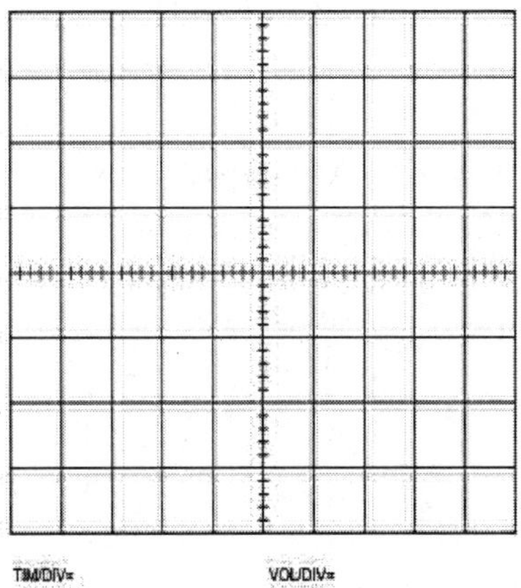

(d)

(e) 진폭이 +2V, 주파수가 400Hz, 7:3의 크기를 갖는 펄스파형.

(f) 임의의 스위프 파형.

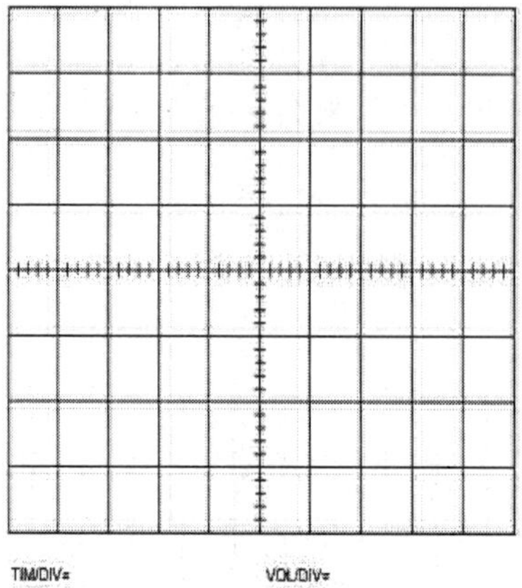

(e)

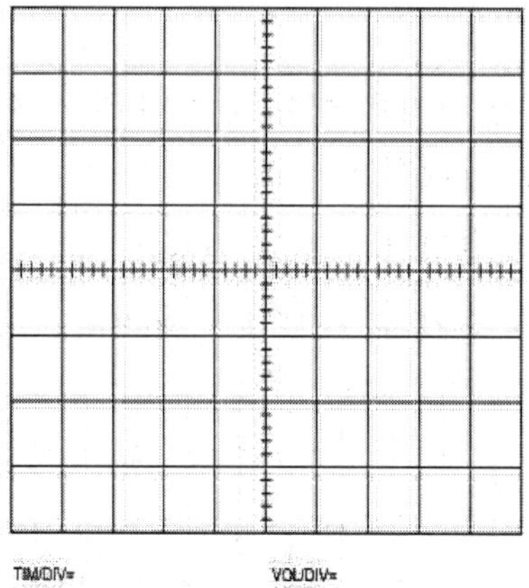

(f)

실험 3

(가) 다음의 각 주기에 대한 주파수는 얼마인가?

1s = ________ [Hz] 0.2s = ________ [Hz] 50ms = ________ [Hz]

1ms = ________ [Hz] 500μs = ________ [Hz] 10μs = ________ [Hz]

(나) 다음 주파수에 대한 주기를 구하라.

1Hz = ________ [s] 60Hz = ________ [s] 500Hz = ________ [s]

1kHz = ________ [s] 200kHz = ________ [s] 5MHz = ________ [s]

실험 4 다음의 신호를 그라프에 그리시오. **(VOL/DIV=2V, TIM/DIV=5ms)**

(가) 진폭이 +3V, 100Hz 구형파

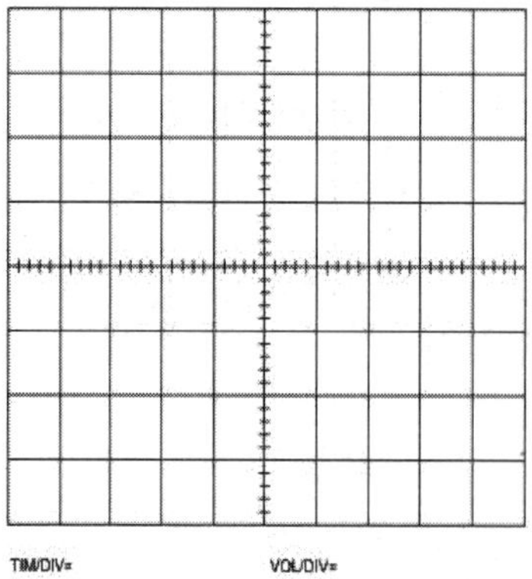

(나) $4V_{p-p}$, 200 Hz 정현파

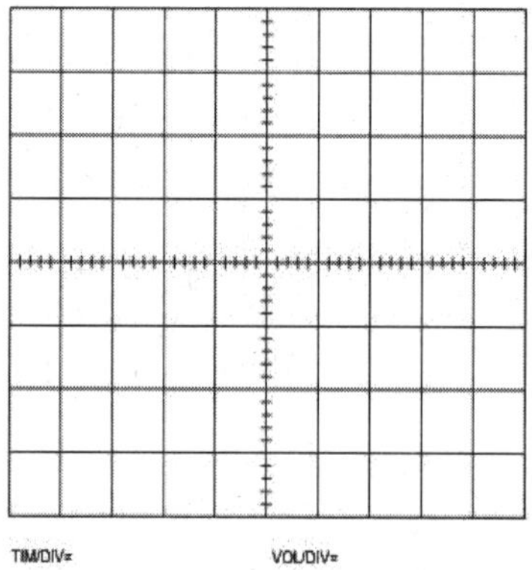

실 험 보 고 서

실험제목			실험일자	
학년	반	학번	실험조	성명

절취선

실험 1

위치	V_{C-B}	V_{A-B}	V_{C-A}
측정값(V)			

실험 2

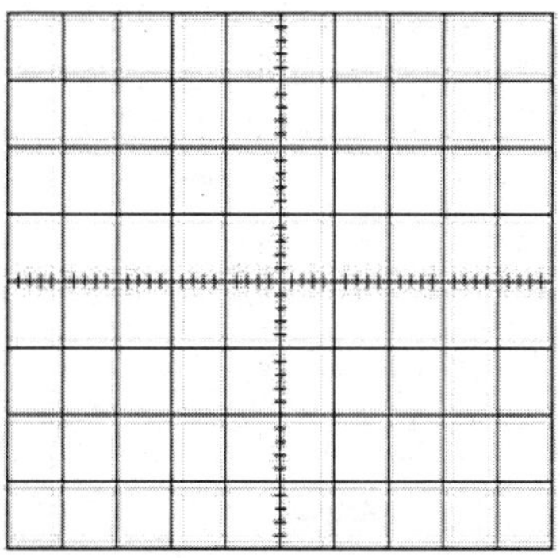

TIM/DIV= VOLT/DIV=

(a)

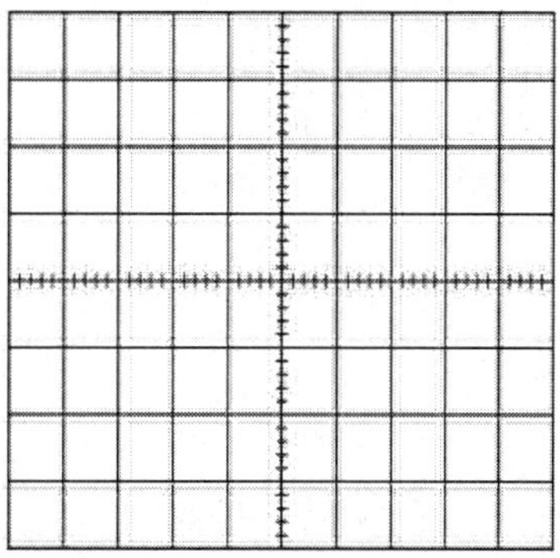

TIM/DIV= VOLT/DIV=

(b)

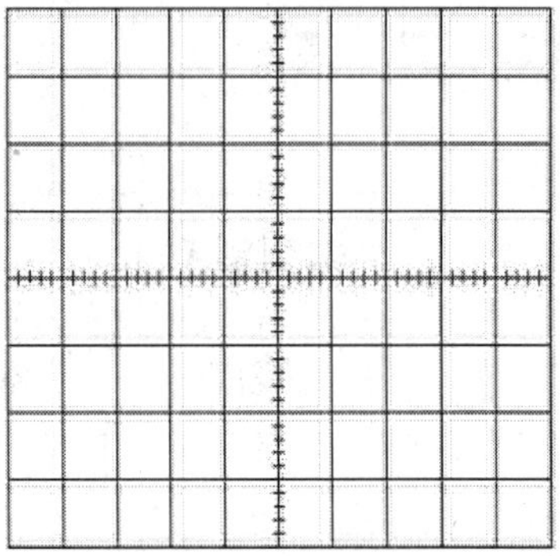

TIM/DIV= VOL/DIV=

(c)

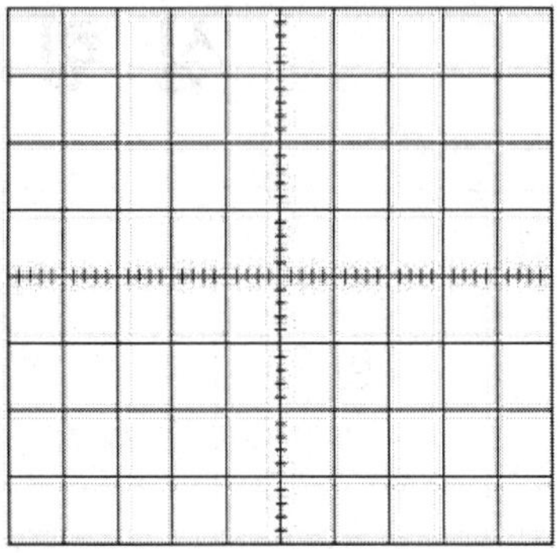

TIM/DIV= VOL/DIV=

(d)

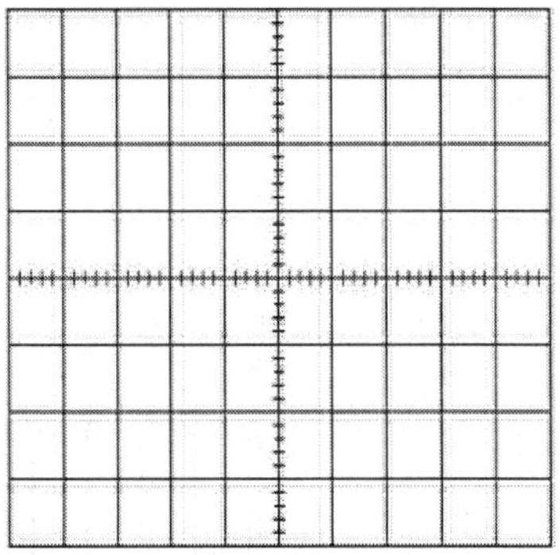

TIM/DIV= VOL/DIV=

(e)

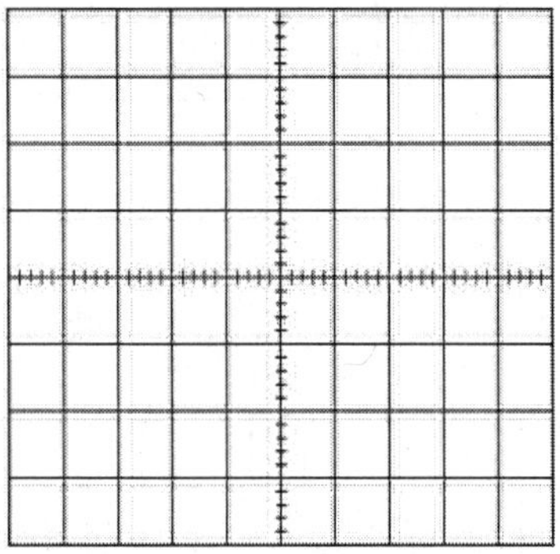

TIM/DIV= VOL/DIV=

(f)

실험 3

(가)1s = ________ [Hz] 0.2s = ________ [Hz] 50ms = ________ [Hz]

1ms = ________ [Hz] 500μs = ________ [Hz] 10μs = ________ [Hz]

(나)1Hz = ________ [s] 60Hz = ________ [s] 500Hz = ________ [s]

1kHz = ________ [s] 200kHz = ________ [s] 5MHz = ________ [s]

실험4

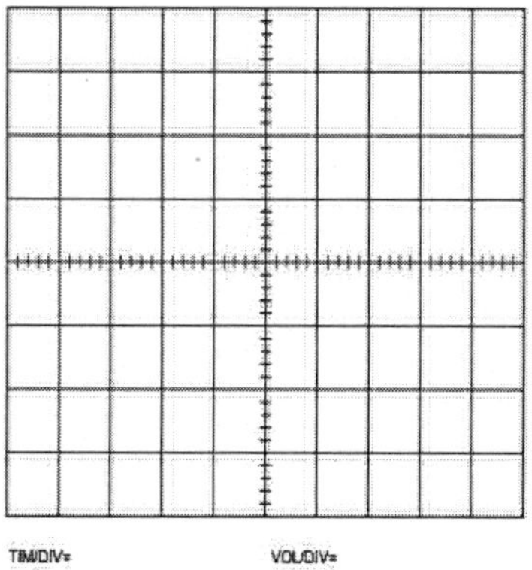

(a)

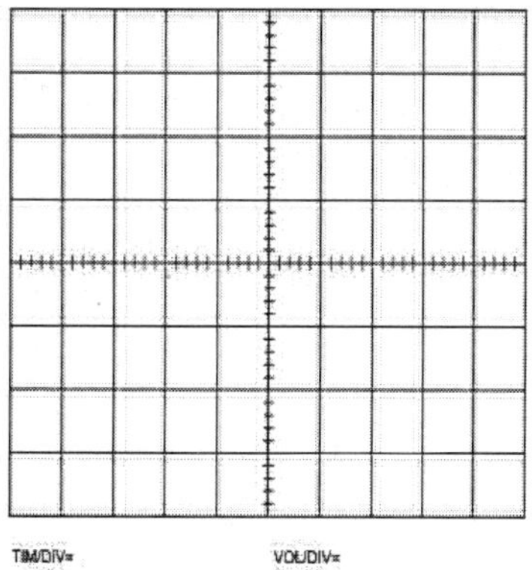

(b)

실험 2 커패시터

<table>
<tr><td>실습목적</td><td colspan="4">콘덴서의 전압-전류특성 및 콘덴서의 식별법을 이해하고 실험을 통하여 확인한다. 또한 R-C결합에 의한 회로의 충・방전 특성을 이해한다.</td></tr>
<tr><td rowspan="4">실습준비물</td><td>계측기</td><td colspan="2">• 오실로스코프
• 함수발생기
• 가변직류전원</td><td>1대
1대
1대</td></tr>
<tr><td rowspan="3">부 품</td><td>• 브레드보드</td><td></td><td>1개</td></tr>
<tr><td>• 저항</td><td>10kΩ, 100kΩ</td><td>각1개</td></tr>
<tr><td>• 콘덴서</td><td>10μF, 22μF, 100μF</td><td>각1개</td></tr>
</table>

I 이론

2.1 콘덴서

콘덴서는 간단한 전기 부품의 하나로 절연된 두 장의 금속판을 접근해서 마주보게 한 구조로 되어 있다. 두 장의 금속판 사이는 공기일 수도 있지만 유리, 종이, 밀납, 도자기 등의 절연체가 끼워져 있는 것도 있다. 콘덴서란 전기를 축적하는 기능과 직류전류를 차단하고 교류전류를 통과시키는 기능이 있다. 콘덴서의 기본구조는 유전체와 전극이다. 콘덴서가 전기를 저장하는 기본원리는 유전체의 분극현상 때문이다.

그림2.1은 콘덴서의 구조와 기능을 나타낸 것이다. 그림에서 콘덴서에 직류전압을 걸면, + 전극에 양전하, − 전극에 음전하가 축적되며, 전하가 축적되고 있는

도중에는 전류가 흐른다. 양쪽 전극에 양전하와 음전하가 축적이 되면 전극 양단에 전위차가 발생하고 시간이 흐르면서 공급전압과 전극 양단의 전위차가 등전위가 된다.

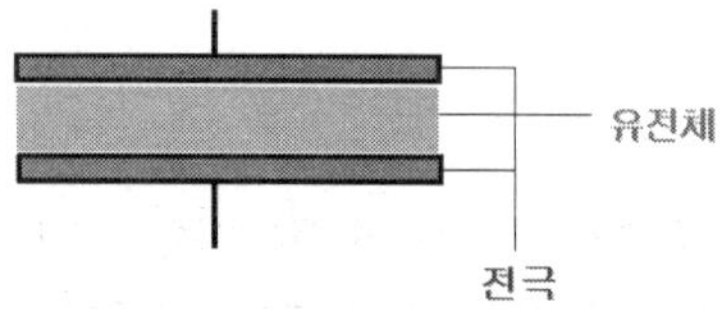

그림2.1 콘덴서 구조와 기능

이때 전류는 흐르지 않게 된다. 그러므로 직류전압이 콘덴서에 가해진 경우, 순간적으로 전류가 흐르지만 나중에는 흐르지 않기 때문에 직류를 통과시키지 않으려는(직류 커트) 용도에도 사용된다. 그러나 교류의 경우에는 공급전압의 극성이 교대로 바꾸어 접속하는 것과 같으므로 그 때마다 전류가 흐르게 되어, 교류전류는 흐르는 것이다. 한편 등전위가 된 상태에서 공급전원을 제거하여도 콘덴서에 축적된 전하는 서로의 인력 때문에 그대로 머물러 있게 된다. 이것이 콘덴서의 원리이다.

콘덴서에 전하를 저장하는 것을 충전이라 한다. 그림2.2은 콘덴서의 충전과정을 나타낸 것이다.

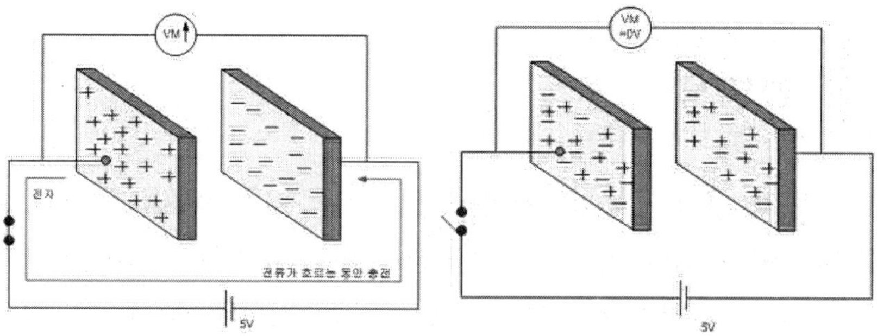

그림2.2 콘덴서의 충전

저장한 전하를 도선 등을 통해 상실하는 것을 방전이라고 한다. 그림2.3은 콘덴서의 방전과정을 나타낸 것이다.

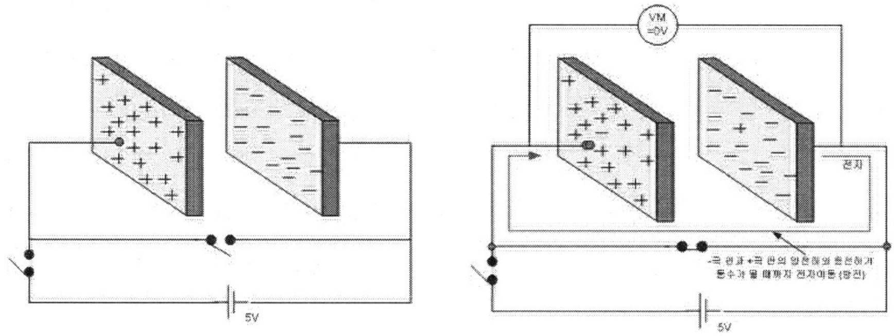

그림2.3 콘덴서의 방전

콘덴서에 저장되는 전하 Q(쿨롱)는 극판의 전위차(V)에 비례한다. 즉, Q=CV가 된다. 비례상수 C는 콘덴서의 전기용량이라고 한다. 전기용량의 단위는 패럿(기호는 F)이 사용되며, **1**볼트의 전위차를 주었을 때 **1**쿨롱의 전기량을 저장하는 콘덴서의 용량이 **1**패럿이라는 것을 뜻한다. 즉, 전기용량(또는 정전용량)은 전하를 저장하는 능력을 나타내는 것이다. 일반적으로 콘덴서에 축적되는 전하용량은 매우 작기 때문에, μF(마이크로 패러드 : 10^{-6}F)의 단위가 자주 사용된다. 콘덴서에는 전해콘덴서, 세라믹 콘덴서. 적층세라믹 콘덴서, 마일러 콘덴서, 탄탈 콘덴서등이 있다. 콘덴서의 기호는 그림 2.4와 같다.

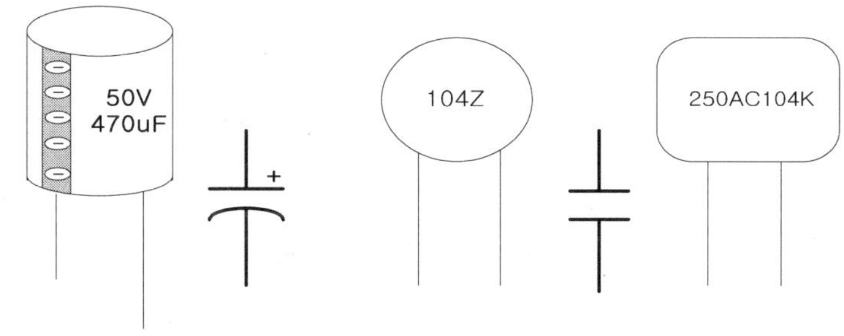

(a) 전해콘덴서 (b) 세라믹콘덴서 (c) 마일러콘덴서

그림2.4 콘덴서의 종류와 기호

전해 콘덴서는 유전체로 얇은 산화막을 사용하고, 전극으로는 알루미늄을 사용하고 있다. 유전체를 매우 얇게 할 수 있으므로 콘덴서의 체적에 비해 큰 용량을 얻을 수 있다. 전해 콘덴서에는 다른 콘덴서와 다르게 극성이 있다. 그림2.2(a)와 같이 자체에 (-)측 리드를 표시하는 마크가 붙어 있는 것을 볼 수 있다. 일반적으

로 다리가 긴 것이 (+) 이다. 또한 +, - 극성이 바뀌지 않도록 주의해야 한다. 그림 2.2(a)의 전해콘덴서는 내압이 50V의 470μF 용량의 콘덴서이다. 내압이 50V라는 것은 콘덴서에 50V이상을 인가하게 되면 콘덴서가 파괴된다.

세라믹 콘덴서는 자기를 유전체한 것으로 특성도 좋고 소형으로 되어 있다. 주로 고주파용으로 사용된다. 세라믹 콘덴서에 표시 되는 용량의 기본단위는 pF 이다. 그림2.2(b)와 같이 104Z 라고 표시한 것은 104pF이 아니고 저항처럼 1번째(10단위), 2번째(1단위)는 용량이고 3번째는 승수($X10^4$)로 $10 \times 10^4 \times 10^{-12} pF = 0.1 \times 10^{-6} F = 0.1 \mu F$이다. 또 끝자리의 Z는 세라믹 콘덴서의 허용오차 이다.

마일러콘덴서는 얇은 폴리에스테르(polyester)필름을 양측에서 금속으로 삽입하여, 원통형으로 감은 것이다. 저가격으로 사용하기 쉽지만, 높은 정밀도는 기대할 수 없다. 마일러콘덴서의 용량은 그림2.2(c)에서 250AC는 AC250V까지 사용할 수 있고 104k는 세라믹콘덴서와 동일하게 용량을 표시한다. 만약 2G104k라고 써있다면 2G는 내압 400V를 말하고 104k는 세라믹콘덴서와 동일하게 용량을 표시한다. k는 캐패시턴스의 허용오차를 나타낸다. 표2-1은 캐패시터의 허용오차를 나타낸 것이다.

표2-1 캐패시터의 허용오차

코드	허용오차	코드	허용오차
C	±0.25[pF]	F	±1[pF]
D	±0.5[pF]	J	±5[pF]
F	±1.0[pF]	k	±10[pF]
G	±2.0[pF]	M	±20[pF]

2.2 콘덴서의 연결

그림2.3은 콘덴서의 직렬연결과 병렬연결을 나타낸 것이다.

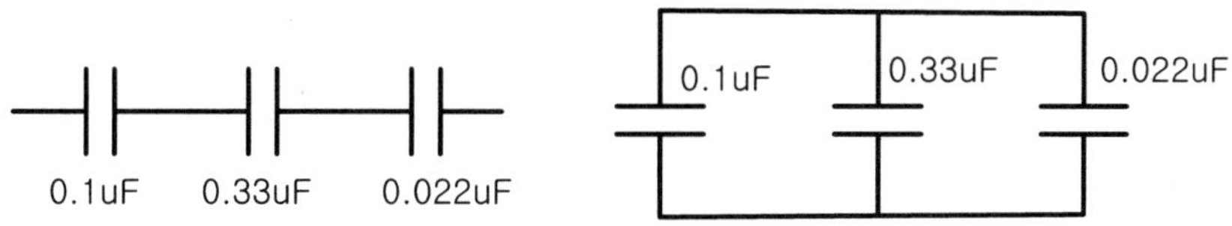

(a) 콘덴서 직렬연결 (b) 콘덴서 병렬연결

그림2.3 콘덴서 연결

콘덴서의 직렬연결의 전체용량은 저항의 병렬연결과 같다. 즉 식(2.1)과 같이 전체용량을 구할 수 있다.

$$C_T = \frac{1}{\frac{1}{C_1} + \frac{1}{C_2} + \frac{1}{C_3}} \qquad (2.1)$$

그림2.3(b)와 같이 콘덴서의 병렬연결에서 전체용량은 저항의 직렬연결과 같다. 식(2.2)와 같이 구할 수 있다.

$$C_T = C_1 + C_2 + C_3 \qquad (2.2)$$

2.3 충전과 방전

커패시터는 전자의 전하를 저장하고 유지하는 충전의 기능과 축적된 전하를 회로를 통하여 방출시키는 방전의 기능을 한다.

(가) 충전

캐패시터가 충전(Charge)이 계속되면 도체판 사이의 전압은 인가전압(V_s)와 크기가 같고 극성이 반대인 전압이 될 때까지 빠르게 형성된다. 캐패시터가 완전히 충전되면 전류는 더 이상 흐르지 않는다.

(2) 방전

충전된 캐패시터 양단에 전선을 연결하면 캐패시터는 방전(Discharge)된다. 방전은 충전 후 도체판에 있던 과잉전자들이 전선을 따라 (+)극판으로 이동하게 되고 두 도체판의 자유전자 수가 다시 같아지면 전하는 중성이 되고 캐패시터 전압은 0V가 되어 캐패시터는 완전히 방전된다.

(3) RC시정수

실제의 회로에 있어서 캐패시터에는 어느 정도의 저항성분이 존재한다. 저항은 충전과 방전에 있어서 시간이라는 요소를 갖게 한다. 즉 캐패시터가 저항을 통해 충전 및 방전을 할 때 완전히 충전되거나 방전되기 위해서는 어느 정도의 시간이 필요하다. 이것은 캐패시터가 충전을 할 때 충전 전압이 순간적으로 변화할 수 없음을 의미한다. 캐패시터가 충전되거나 방전되는 비율은 그 회로의 시정수에 의해 결정된다. 직렬 RC회로의 시정수 (τ: time constant)는 저항 R과 캐패시터 C의 곱에 의해 결정된다. 즉, 시정수(τ, tau)는

$$\tau = R \cdot C \tag{2.3}$$

이다. 저항이 증가하면 캐패시터의 충전시간이 증가하고, 따라서 충전전류($I = Q/t$)는 감소한다. 캐패시터가 증가하면 저장 공간이 증가하여 동일한 전류에 대해 캐패시터를 충전하는데 더 많은 시간이 필요하다.

(4) 충전 및 방전 곡선

충전 곡선은 지수 함수적으로 증가하고, 방전은 지수 함수적으로 감소한다. 시정수의 5배 시간이 지나면 대략 최종값의 99%에 접근한다. 캐패시터가 완전히 충전하거나 방전하려면 5τ의 시간이 필요하며 이것을 과도시간(transient time)라고 한다.

충전전압 V_C는 kVL, 라플라스변환, 라플라스역변환을 이용하면 다음과 같이 구할 수 있다. 즉,

$$V_C(t) = V(1 - e^{-\frac{t}{RC}}) \tag{2.4}$$

이다. 식(2.4)를 **'0**으로부터 충전'식이라 한다.

방전전압 V_D는 다음과 같이 구할 수 있다. 즉,

$$V_D(t) = Ve^{-\frac{t}{RC}} \tag{2.5}$$

이다. 식(2.5)를 **'0**으로 방전'식이라 한다.

Ⅱ 실험방법

실험 1

(가) 제시된 캐패시터의 종류와 크기를 표2-1에 기록한다.

표 2-1

	종류	용량크기	내압	허용오차
1				
2				
3				
4				
5				
6				
7				
8				

(나) 세라믹 콘덴서의 크기를 계산하시오.

1) 104 = __________

2) 223 = __________

3) 682 = __________

4) 22 = __________

(다) 다음과 같은 캐패시터의 용량을 세라믹 캐패시터로 표기하시오.

1) 0.0047㎌ = __________

2) 2.2㎌ = __________

3) 680nF = __________

4) 30 pF = __________

실험 2

(가) 다음 2.9의 회로를 구성하시오.

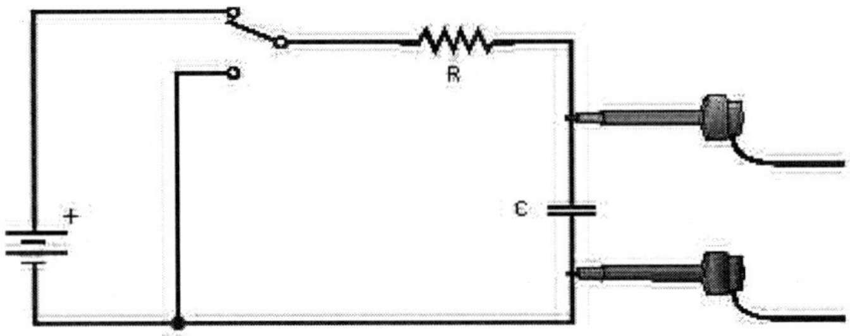

(V= 20[V], R=100[kΩ], C=10[μF])

그림2.9 충 · 방전 실험 회로

(라) 캐패시터의 전압을 완전히 방전시키고, SW을 그림과 같이 연결한 후 완전 충전이 될 때까지 V_C를 오실로스코프로 측정하여 표2.2 ①에 기록한다. 실험은 같은 회로에 대해 2회 실시한다. '0으로부터 충전'식을 이용하여 충전전압을 계산하여 표2-2 ①에 기록한다.

(마) SW을 그림의 아래로 연결한 후 완전 방전이 될 때까지 V_D를 오실로스코프로 측정하여 표2.2 ②에 기록한다. 실험은 같은 회로에 대해 2회 실시한다. '0으로 방전'식을 이용하여 방전전압을 계산하여 표2-2 ②에 기록한다.

표 2-2

t(s)	V_C[V] ①		계산된 V_C	t(s)	V_D[V] ②		계산된 V_D
	1회	2회			1회	2회	
1τ				1τ			
2τ				2τ			
3τ				3τ			
4τ				4τ			
5τ				5τ			

(다) 표2-2 ①, ②의 데이터를 이용하여 충·방전 곡선을 그림2.10에 그리시오.

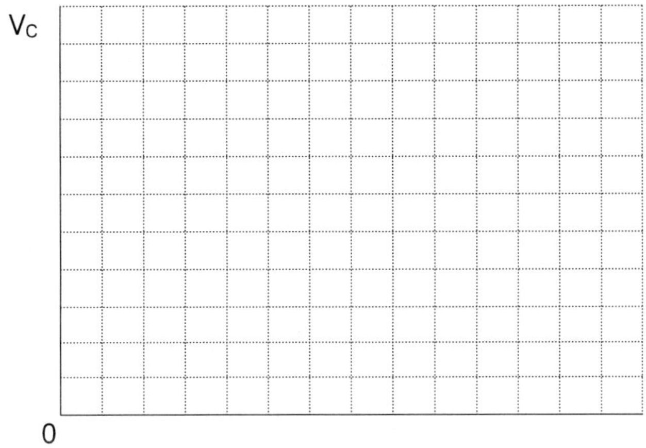

그림2.10 충 · 방전 그래프

(라) V= 20[V], R= 10[kΩ], C=100[μF]에 대하여 (나)와 (다)를 실시한 후 표2-3에 기록하시오.

(마) 표2-3 ①, ②의 데이터를 이용하여 충·방전 곡선을 그림2.11에 그리시오.

표 2-3

t(s)	V_C[V] ①		계산된 V_C	t(s)	V_D[V] ②		계산된 V_D
	1회	2회			1회	2회	
1τ				1τ			
2τ				2τ			
3τ				3τ			
4τ				4τ			
5τ				5τ			

실험 3

(가) 실험2 회로에서 2개의 캐패시터를 직렬로 연결하여 충전과 방전의 실험을 반복하여 표2-4에 기록하고, 충·방전 곡선을 그림2.12에 그리시오. (C_1=10[μF], C_2=22[μF])

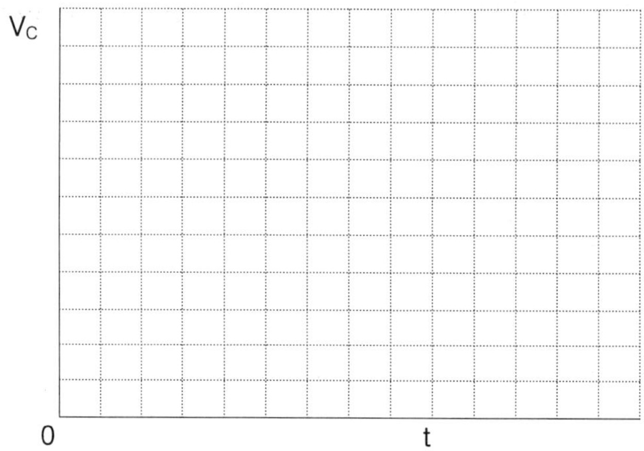

그림2.11 충·방전 그래프

표 2-4

t(s)	V_C[V] ①		계산된 V_C	t(s)	V_D[V] ②		계산된 V_D
	1회	2회			1회	2회	
1τ				1τ			
2τ				2τ			
3τ				3τ			
4τ				4τ			
5τ				5τ			

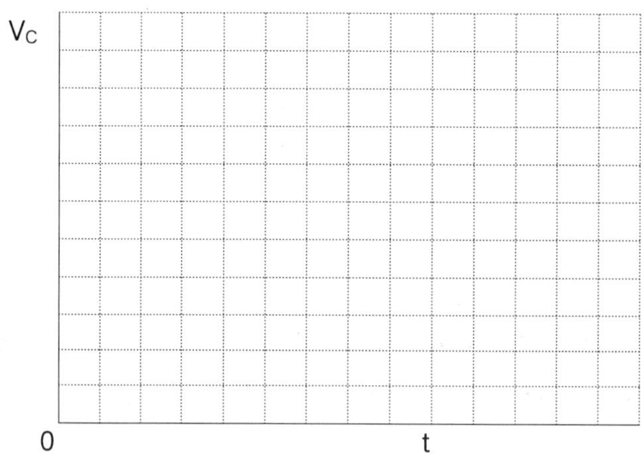

그림2.12 충·방전 그래프

실험 4

(가) 실험2 회로에서 2개의 캐패시터를 병렬로 연결하여 충전과 방전의 실험을 반복하여 표2-5에 기록하고, 충·방전 곡선을 그림2.13에 그리시오. (C_1=10[μF], C_2=22[μF])

표 2-5

t(s)	V_C[V] ①		계산된 V_C	t(s)	V_D[V] ②		계산된 V_D
	1회	2회			1회	2회	
1 τ				1 τ			
2 τ				2 τ			
3 τ				3 τ			
4 τ				4 τ			
5 τ				5 τ			

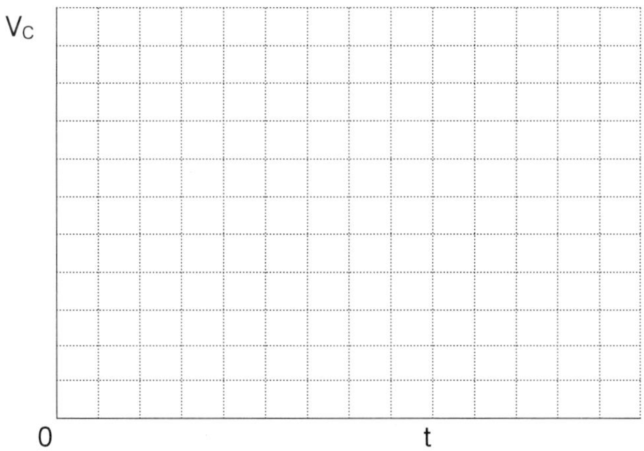

그림2.13 충 · 방전 그래프

실 험 보 고 서

실험제목			실험일자	
학년	반	학번	실험조	성명

실험 2

t(s)	V_C[V] ①		계산된 V_C	t(s)	V_D[V] ②		계산된 V_D
	1회	2회			1회	2회	
1 τ				1 τ			
2 τ				2 τ			
3 τ				3 τ			
4 τ				4 τ			
5 τ				5 τ			

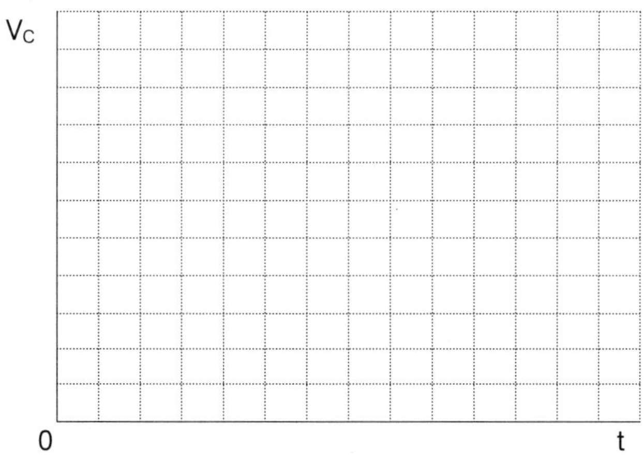

실험 3

t(s)	V_C[V] ①		계산된 V_C	t(s)	V_D[V] ②		계산된 V_D
	1회	2회			1회	2회	
1 τ				1 τ			
2 τ				2 τ			
3 τ				3 τ			
4 τ				4 τ			
5 τ				5 τ			

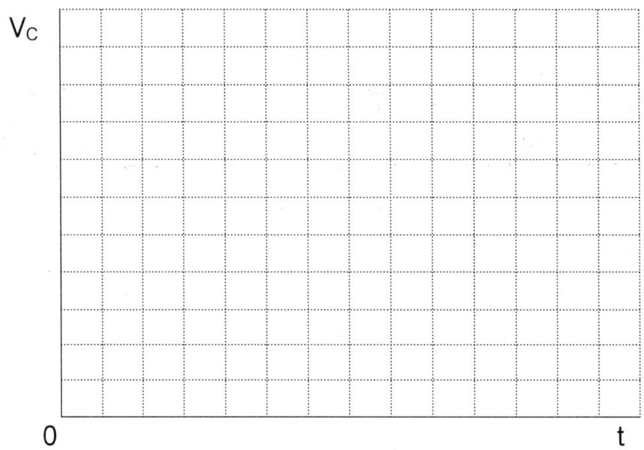

실험 4

t(s)	V_C[V] ①		계산된 V_C
	1회	2회	
1 τ			
2 τ			
3 τ			
4 τ			
5 τ			

t(s)	V_D[V] ②		계산된 V_D
	1회	2회	
1 τ			
2 τ			
3 τ			
4 τ			
5 τ			

실험 3 인덕터

<table>
<tr><td>실습목적</td><td colspan="4">저항과 인덕턴스, 저항과 커패시턴스를 직렬 또는 병렬로 연결할 경우 각 회로의 전기적 특성을 실험을 통하여 학습한다.</td></tr>
<tr><td rowspan="7">실습준비물</td><td rowspan="3">계측기</td><td colspan="2">• 오실로스코프</td><td>1대</td></tr>
<tr><td colspan="2">• 함수발생기</td><td>1대</td></tr>
<tr><td colspan="2">• 가변직류전원</td><td>1대</td></tr>
<tr><td rowspan="4">부 품</td><td>• 브레드보드</td><td></td><td>1개</td></tr>
<tr><td>• 저항</td><td>680Ω(1W), 300Ω</td><td>각1개</td></tr>
<tr><td>• 인덕터</td><td>100mH</td><td>1개</td></tr>
<tr><td>• 커패시터</td><td>1000uF</td><td>1개</td></tr>
</table>

I 이론

3.1 인덕턴스 (Inductance)

인덕터에 전류가 흐르면 자기장이 형성되고 전류가 변하면 자기장도 변한다. 즉 변화하는 전류는 인덕터 주위의 전자기장을 변화시킨다. 인덕터를 다른 말로 코일(coil)이라고도 한다. 마찬가지로 전자기장이 변화하면 전류의 변화를 방해하는 방향으로 코일 양단에 유도전압(induced voltage)가 발생한다.

인덕턴스는 전류가 변화할 때 인덕턴스 자체에서 유도전압을 발생시키는 코일의 능력을 표시하는 것으로, 유도전압은 전류의 변화를 억제하는 방향으로 발생한다.

파라데이의 법칙(Faraday's law)에 의해, 자속쇄교수(λ)의 시간적 변화율이 기전력이므로

$$v = \frac{d\lambda}{dt}\,[\mathrm{V}] \qquad (3.1)$$

이 기전력을 유기기전력 또는 유기전압(induced emf or voltage)이라 한다. 전 류에 의하여 자속쇄교수가 직선적으로 변화하는 범위에서는

$$\lambda = Li\,[\mathrm{Weber-Turn}] \qquad (3.2)$$

이다. L은 직선부분의 기울기이고, 전류의 변화에 반발하는 코일의 작용으로서, 회로의 자기인덕턴스(self-inductance) 또는 인덕턴스(inductance)라고 부르며, 단위는 Henry[H]를 사용한다. "1[H]는 1[A]의 전류에 의하여 생기는 자속쇄교수가 1[Wb-T]일 때의 인덕턴스"를 말한다. $1\mu H = 10^{-6}H$, $1mH=10^{-3}H$가 사용된다. 따라서 인덕터에 유도되는 전압은 식(3.3)과 같이 나타낸다.

$$v = L\frac{di}{dt}\,[\mathrm{V}] \qquad (3.3)$$

여기서 L은 코일에서 단자전압이 전류의 시간적 변화율에 비례함을 의미하고, 이 비례정수가 인덕턴스이다. 식(3.3)에 의하면 "1[H]는 코일의 전류가 매초 1[A]의 비율로 변화할 때 1[V]의 기전력이 유기되는 경우이다."

그러므로 전류는

$$i = \frac{1}{L}\int v dt\,[\mathrm{A}] \qquad (3.4)$$

이 소자에 공급된 전기에너지는 자기에너지로 바꾸어 축적된다.

인덕터는 전류에 의해 형성된 자기장 내에 에너지를 저장한다. 저장된 에너지는 다음 식으로 표현된다.

$$W = \frac{1}{2}LI^2 \qquad (3.5)$$

3.2 인덕턴스에서의 유도 전압

그림3.1에서 코일에 흐르는 전류의 변화에 대한 유도전압의 관계에 대하여 알아보기로 하자.

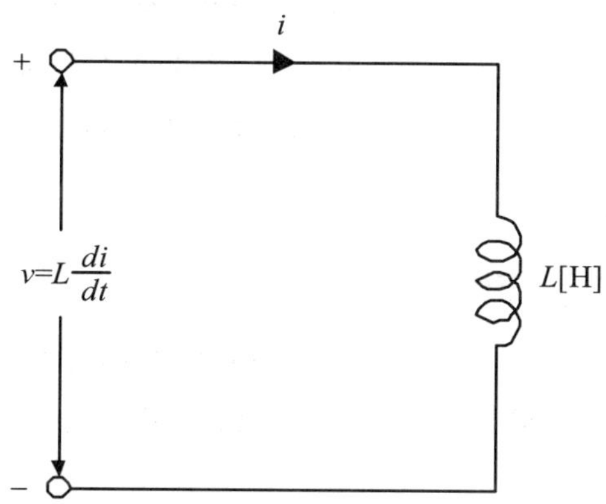

그림3.1 인덕턴스의 유도전압, 전류의 기준방향

① 코일에 흐르는 전류가 어느 순간 변화가 일정할 때 코일 양단의 전압은 $di/dt=0$이 되어 유도기전력은 다음과 같아진다.

$$\boxed{v = L\frac{di}{dt} = L(0) = 0\,[\mathrm{V}]} \qquad (3.6)$$

② 코일에 흐르는 전류가 어느 순간 증가할 때$\left(\frac{di}{dt} > 0\right)$ 코일 양단의 전압은 렌츠의 법칙에 의해 전류가 증가하면 코일과의 자속쇄교수도 증가하므로, 자속의 증가를 방해하기 위해서 흐르는 전류의 방향으로 가해진다.

③ 코일에 흐르는 전류가 어느 순간 감소할 때 $\left(\frac{di}{dt} < 0\right)$ 코일 양단의 전압은 렌츠의 법칙에 의해 전류가 감소하며 코일과의 자속쇄교수도 감소하므로 코일에 흐르는 전류의 감소를 방해하는 방향으로 가해진다.

3.2 인덕터의 종류

인덕터는 흔히 코일로 불린다. 또한 트랜스포머(트랜스 혹은 변압기라고도 함)는 코일과 마찬가지로 모두 동선을 감은 것으로 같은 종류에 속한다. 특성과 사용 방법은 크게 다르지만,. 모두 「인덕턴스」 라는 단위로 크기를 나타내고, 원리도 「전자 유도」 라는 점은 같다.

(가) 고주파 초크 코일 (RFC)

고주파에 대하여 저항 작용을 하고 고주파를 감쇠시키는데도 사용한다. 용도는 단순한 고주파 필터용 코일이다. 그림3.2(a)는 고주파 초크코일을 나타낸 것이다.

(나) 고주파 동조용 코일

코일과 콘덴서를 병렬접속하고 어느 특정 주파수에 동조하여 신호를 추출하기 위해 사용한다. TV나 라디오의 동조 회로 등 고주파 회로의 전달시 효율을 좋게 할 목적으로 쓰여 지는 코일이다. 그림3.2(b)는 고주파 동조용 코일을 나타낸 것이다.

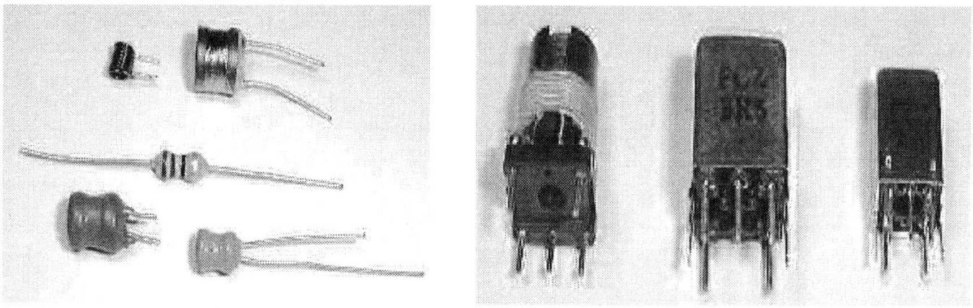

(a)고주파 초크 코일 (b)고주파 동조용 코일

그림3.2 고주파 초크 코일과 고주파 동조용 코일

(다) 전원용 초크 코일

저주파에 대해서 특히 큰 저항을 갖도록 하여 전원 노이즈 방지용의 필터나 평활 회로의 필터에 사용한다. 전원 주파수대역에서 충분한 인덕턴스를 갖고 있는 코일로 코어에 동선을 감아서 만들어진다. 입력 전원용 필터나 스위칭 전원의 출력 필터로 사용되고 있다. 그림3.3(a)의 좌측 2개는 전원필터용이고, 오른쪽 밑에 2개는 고주파 동조용으로 고주파에도 최근 사용되고 있다.

(라) 전원 트랜스

주파수가 낮고 전류 용량이 큰 대형 코일로 출력 전압과 전류 용량에 따라 많은 종류가 있다. AC 전원을 DC 전원으로 만들 때 필수적인 부품이나, 최근에 시판되는 전원장치의 대부분은 스위칭 전원으로 되어있어, 무겁고 대형의 전원 트랜스를 사용하는 방식은 점차 감소하는 추세이다. 그러나 간단하고 싸게 제작 할 수 있는 전원장치로 전원 트랜스를 이용하고 있어서 아직도 널리 사용된다.

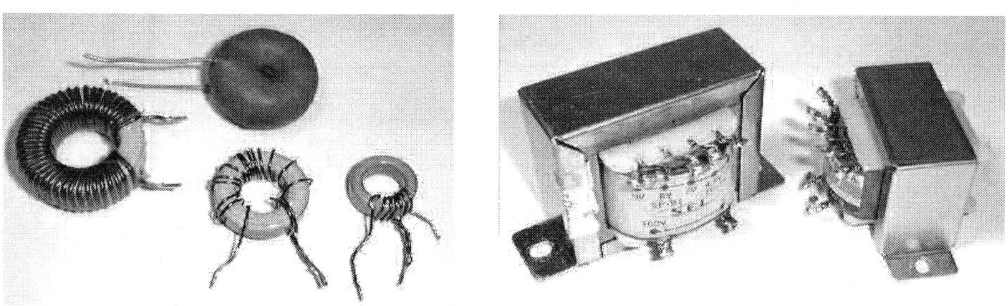

(a)전원용 초크코일 (b)전원트랜스

그림3.3 전원용 초크코일과 전원트랜스

표3-1은 각종 코일의 회로도 기호를 나타낸 것이다.

표3-1 각종 코일의 회로도 기호

회로도 기호	약 호	명 칭	기 능
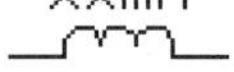 xxmH	R F C	초크 코일	고주파 저지용 코일, 필터용 코일
 FCZxx	L	동조 코일 I F T	고주파 동조용 일명 F C Z 코일
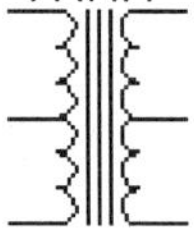 Tnnn	TR	전원 트랜스	전원 전압 변환용

3.3 인덕터의 값 읽기

필터, 초크 코일의 경우 인덕턴스(L)값이 제품 표면에 컬러코드로 표기되어있다. 읽는 방법은 컬러코드 저항기와 비슷한데 단위가 마이크로 헨리(μH)인 것만 다르다.

(가) 일자형(Axial type) 코일 (나) 원통형(Round type) 코일

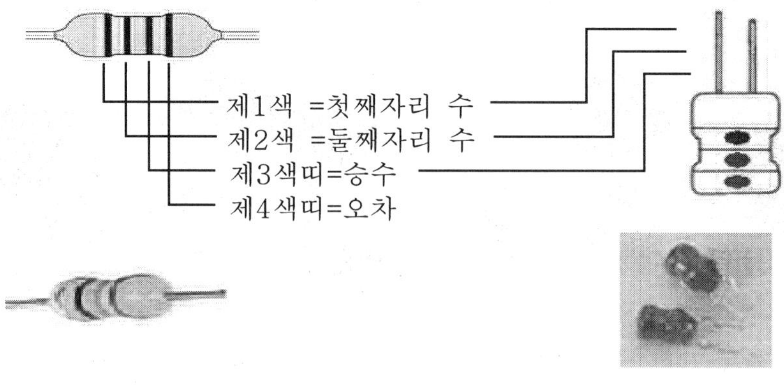

그림3.4 인덕터의 값 표기

3.4 인덕터의 직·병렬 연결

인덕터(Inductor) 상호간의 전자유도 작용을 무시할 경우의 인덕턴스의 직렬과 병렬 접속에 대해 알아보자. 저항과 마찬가지로 인덕턴스도 직렬과 병렬로 접속할 수 있다.

(가) 직렬 접속

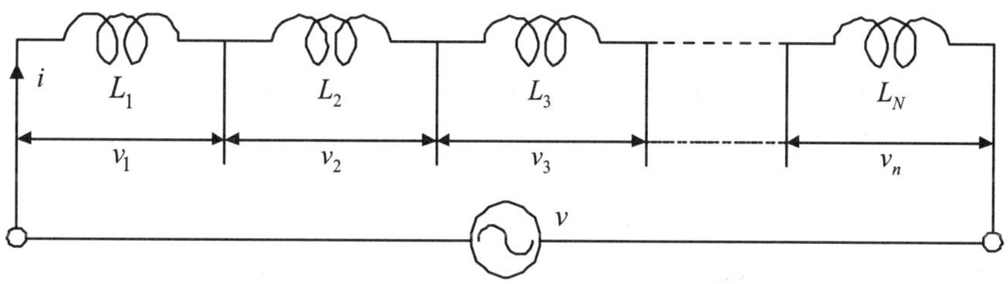

그림3.5 인덕턴스의 직렬 접속

그림3.5에서 보는 바와 같이 N개의 인덕턴스를 직렬 접속하면 인덕턴스를 증가시킨다. 이 때 총 인덕턴스는 저항의 직렬접속에서의 총저항과 같은 방법으로 구한다.

인덕터의 직렬접속 :

$$L_T = L_1 + L_2 + L_3 + \cdots + L_N \tag{3.7}$$

(나) 병렬 접속

N개의 인덕턴스가 그림 3.6과 같이 병렬 접속되면, 전체 인덕턴스는 감소된다. 총 인덕턴스는 병렬저항기의 총 저항과 같은 방법으로 구하여진다.

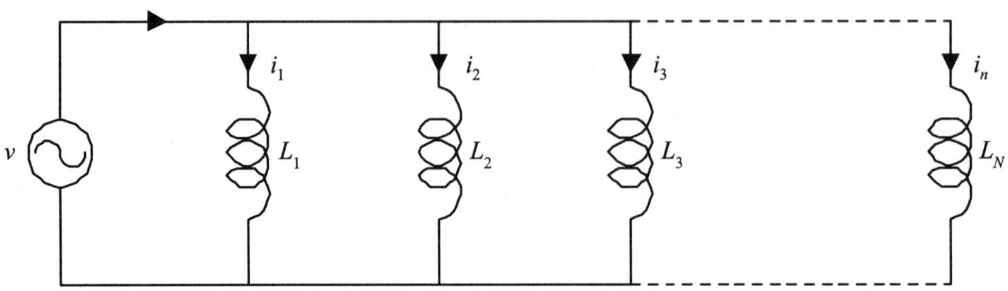

그림3.6 인덕턴스의 병렬 접속

인덕터의 병렬접속 :

$$\frac{1}{L_T} = \frac{1}{L_1} + \frac{1}{L_2} + \frac{1}{L_3} + \cdots + \frac{1}{L_N} \quad (3.8)$$

$$L_T = \frac{L_1 L_2}{L_1 + L_2} \quad (3.9)$$

3.5 RL 시정수

인덕터의 기본 동작은 전류의 변화 방해하도록 전압을 발생시키는 것이므로 인덕터에서의 전류는 순간적으로 변할 수 없고, 시간을 갖고 변화한다. 인덕터에서 전류가 변화하는 비율은 RL 시정수에 의해 결정된다. 직력 RL회로에서 시정수는 식(3.9)와 같다.

$$\tau = \frac{L}{R} \quad (3.9)$$

직렬 RL회로에서 전압이 인가된 후 1τ가 지나면 전류는 최대값의 63%까지 증가한다. 이러한 전류의 증가현상은 캐패시터의 전압증가 현상과 유사하다. 인덕터에서 전류는 지수 함수적으로 증가하며 5τ가 지나면 전류는 최대값의 99%까지 증가한 후 변화를 멈춘다. 이 때 인덕터는 일정한 전류에 대해 단락회로로 작용한다. 따라서 전류의 최종값은 식(3.10)과 같다.

$$I_F = \frac{V_S}{R} \tag{3.10}$$

인덕터에서 '0에서부터 전류'가 지수함수로 증가하는 식은 식(3.11)에 나타낸다.

$$i = I_F(1 - e^{-Rt/L}) \tag{3.11}$$

또한 인덕터에서 전류는 지수 함수적으로 감소한다. 인덕터에서 '0으로 전류'가 지수함수로 감소하는 식은 식(3.12)에 나타낸다.

$$i = I_F e^{-Rt/L} \tag{3.12}$$

그림은 인덕터에서 전류의 증가와 감소를 나타낸다.

Ⅱ 실험

실험 1. 저항 · 캐패시터 · 코일 특성 실험

(가) 그림3.7과 같은 회로를 구성하시오.

(나) LED와 저항을 연결한다.

(다) 스위치를 ON한 후 램프의 상태를 관찰한 후 스위치를 OFF한다.

(라) 램프와 콘덴서가 연결되도록 회로를 구성한다.

(마) 스위치를 ON한 후 램프의 상태를 관찰한 후 스위치를 OFF한다.

(바) 램프와 코일이 연결되도록 회로를 구성한다.

(사) 스위치를 ON한 후 램프의 상태를 관찰한 후 스위치를 OFF한다.

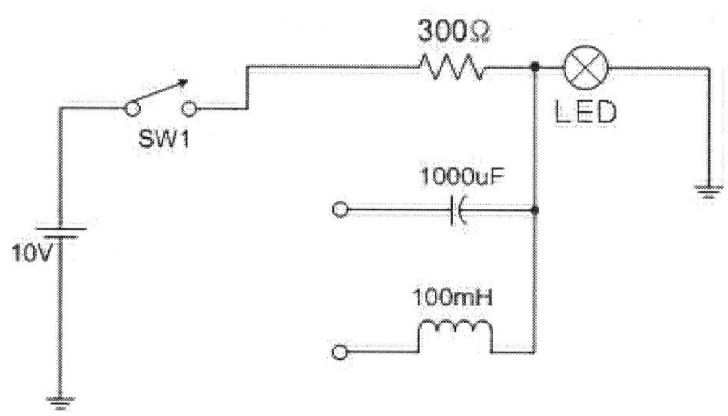

그림3.7

(다) ______________________________

(마) ______________________________

(사) ______________________________

실험 2. 코일 특성 실험

(가) 그림3.8과 같은 회로를 구성하시오.

(나) 회로에서 인덕터(코일)를 제거하고 c-d를 연결한다.

(다) a-b를 개방한 후 오실로스코프를 설치한 후 스위치를 ON한다.

(라) 전류값의 변화를 측정하여 기록한다.

I = ____mA → ____mA → ____mA → ____mA → ____mA

(마) 스위치를 OFF시킨 후 전류값의 변화를 측정하여 기록한다.

I = ____mA → ____mA → ____mA → ____mA → ____mA

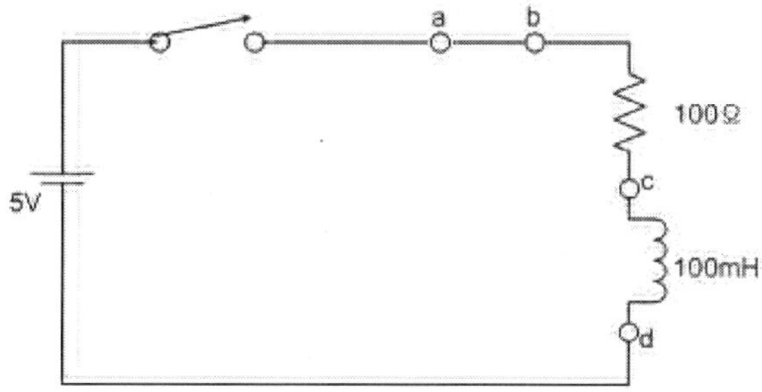

그림3.8

(바) c-d 사이에 인덕터를 삽입한다.

(사) 회로의 시정수를 계산하시오. τ = ____________

(아) a-b를 개방한 후 디지털미터를 설치한 후 스위치를 ON한다.

(자) 전류값의 변화를 측정하여 기록한다.

I = ____mA → ____mA → ____mA → ____mA → ____mA

(차) 스위치를 OFF시킨 후 전류값의 변화를 측정하여 기록한다.

I = ____mA → ____mA → ____mA → ____mA → ____mA

(카) (라)와(마), (자)와 (차)의 결과를 그림3.9에 그리시오.

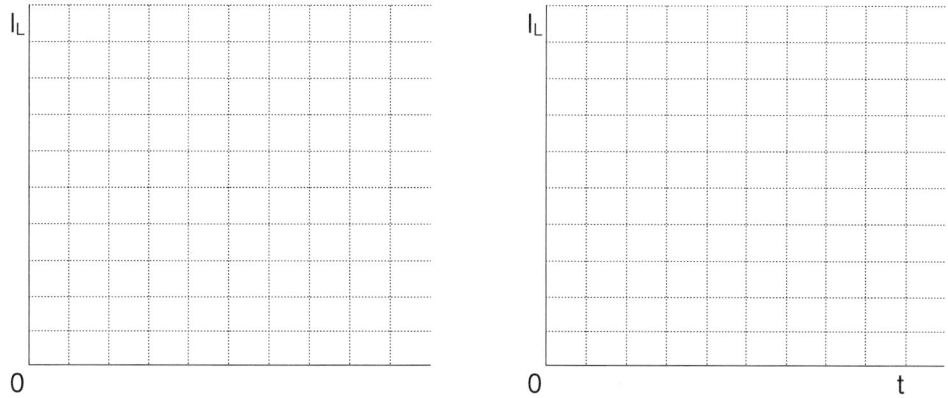

(a) 저항 (b) 저항 + 코일

그림3.9

실 험 보 고 서

실험제목			실험일자	
학년	반	학번	실험조	성명

절취선

실험 1. 저항 · 캐패시터 · 코일 특성 실험

(다) ______________________

(마) ______________________

(사) ______________________

실험 2. 코일 특성 실험

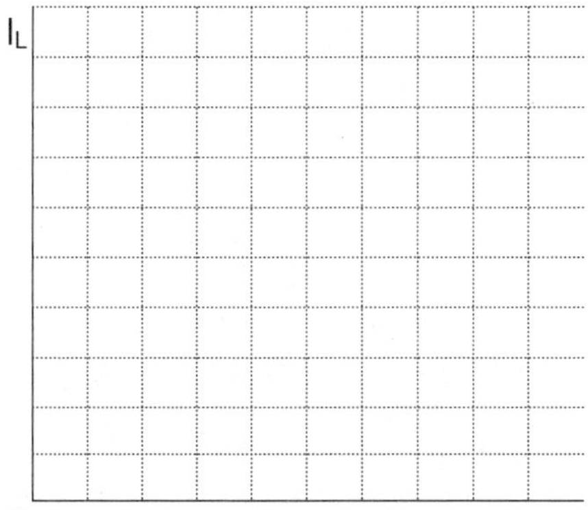

(a) 저항

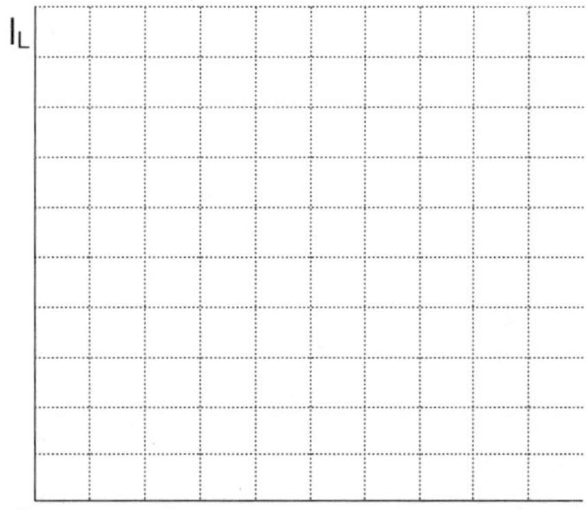

(b) 저항 + 코일

실험 4 접합 다이오드

<table>
<tr><td>실습목적</td><td colspan="4">• 반도체 다이오드(diode)의 순방향 및 역방향의 전압-전류특성을 이해하고 실험을 통하여 확인한다.
• 멀티미터를 이용한 다이오드의 특성을 시험한다.</td></tr>
<tr><td rowspan="4">실습준비물</td><td>계측기</td><td colspan="2">• 오실로스코프
• 함수발생기
• 가변직류전원</td><td>1대
1대
1대</td></tr>
<tr><td rowspan="3">부 품</td><td>• 브레드보드</td><td></td><td>1개</td></tr>
<tr><td>• 저항</td><td>500Ω, 가변저항 10kΩ</td><td>1개</td></tr>
<tr><td>• 다이오드</td><td>1N4148, 1N4001, LED</td><td>각1개</td></tr>
</table>

I 이론

4.1 반도체 이론

반도체란 본래는 거의 전기가 통하지 않지만 빛이나 열, 또는 불순물을 가해주면 전기가 통하고 또한 조절도 할 수 있는 물질을 말한다. 한 개의 실리콘원자는 최외각에 4개의 전자를 가지는 4가 원소이며, 서로 이웃하는 전자끼리 굳게 결합함으로써 결정을 이루게 된다. 이러한 결합을 공유결합이라고 한다. 이런 순수한 실리콘에서는 원자핵에 결합되어 있는 전자가 움직일 수 없기 때문에 실리콘 외부에서 전압을 걸어도 전류는 흐르지 않으며 이를 진성(**Intrinsic**)반도체라고 한다.

이처럼 부도체나 다를 바 없는 진성반도체에 특정불순물을 집어넣고 외부에서 전압을 걸면 전류가 흐르기 시작한다. 불순물로 자신의 전기전도도를 조절할 수 있는 반도체를 불순물(Extrinsic)반도체라고 한다. 불순물반도체에는 p형과 n형 두 가지가 있다. 순수한 실리콘, 즉 진성반도체에 3가 원소(B(붕소), Ga(갈륨), In(인듐))를 소량 넣어주면 전자가 비어있는 상태. 즉 정공(Hole)이 생긴다. 이 상태에서 실리콘에 전압을 걸어주면 전류가 흐르게 되는 것이다. 이를 P형반도체라고 한다. 여기서 **3**가 불순물 원소는 **(+)**의 정전하인 정공을 공급하는 역할을 함을 알 수 있다**.** 이 불순물 원자를 억셉터**(acceptor)** 라고 한다**.**

반면에 진성반도체에 5가 원소(P(인), As(비소), Sb(안티몬))를 소량 넣어주면 전자가 남는 상태, 즉 잉여전자가 생긴다. 이 상태에서 실리콘에 전압을 걸어주면 제자리를 못찾은 이 잉여전자가 자유전자가 되며 전류가 흐르게 되는 것이다. 이를 N형반도체라고 한다. 공유결합되고 남은 과잉전자를 주는 **P**와 같은 **5**가원소인 불순물을 도우너**(donor)**라고 한다**.**

4.2 PN접합 다이오드

실리콘 결정에 절반을 n형으로 나머지 절반을 p형으로 도우핑(Doping)시켰을 때 pn접합이 형성되며, 이것을 pn접합 다이오드라고 부른다.

4.2.1 접합하기 전

p형 반도체와 n형 반도체를 접합시키기 전의 각 반도체의 상태를 개념적으로 아래 그림4.1에 표현하였다.

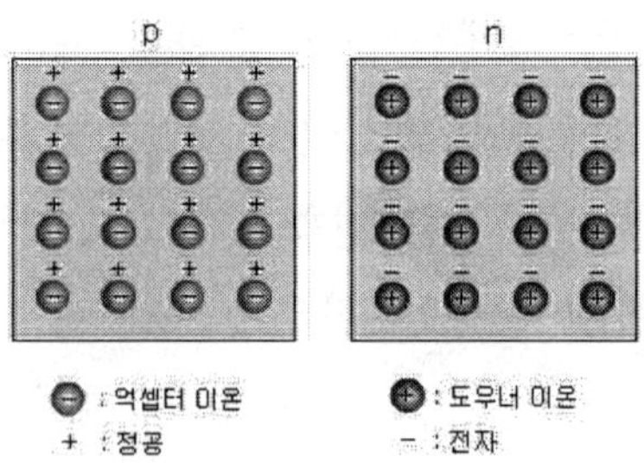

그림4.1 반도체 접합 전

4.2.2 접합이 이루어진 후

그림4.2는 n형 반도체와 p형 반도체를 접합한 후 PN접합이 이루어지는 과정을 나타낸 것이다. n형 쪽의 전자는 전자의 농도가 낮은 모든 방향으로 확산 하려고 하며, 이 확산은 접합면을 넘어서전자의 농도가 적은 p형 쪽으로 전자가 확산되어 들어간다. p형 쪽으로 확산해 들어간 전자는 소수 캐리어가 되며 많은 정공으로 부터 둘러싸이기 때문에 전자는 쉽게 정공과 결합하게 된다. 따라서 소수 캐리어의 수명은 짧게 된다. 그러므로 정공은 소멸되며 그에 관련된 원자는 음전하를 띠게 된다. 한 개의 전자가 접합면은 넘을 때마다 한 쌍의 이온은 만든다. 이 이온은 공유결합 때문에 결정구조 안에 고정되어 있고, 전도대 전자나 정공처럼 움직일 수 없다. 이온이 점점 생성됨에 따라 접합면 부근에는 자유전자와 정공이 없어지게 되는데 이 영역을 공핍층 이라고 한다. 처음에는 공핍층이 어느 정도까지 확대되는데 어느 순간이 되면 공핍층 내에 있는 이온으로 인해 생겨난 전계(Electric Field)로 인하여 더 이상 전자가 pn접합면을 넘을 수 없게 되어 더 이상 공핍층이 확대되지 않게 된다. 이를 평형상태라 한다.

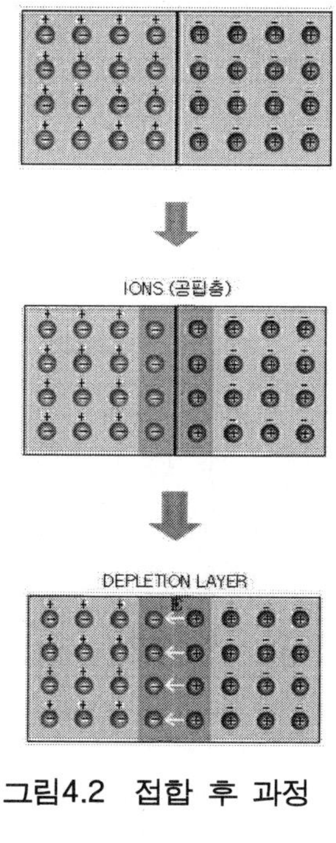

그림4.2 접합 후 과정

4.2.3 전위 장벽

공핍층 내에서 형성된 전계에 의해 더 이상 접합면을 넘어가는 전자가 존재하지 않게 된다는 것은 공핍층 양단에 전위차가 존재한다는 의미이다. 이 전위차를 전위장벽(Potential Barrier)라 하며, 만일 외부에서 이 장벽전위를 극복할 수 있도록 바이어스 전압을 인가하게 되면 전자는 접합면을 이동할 수 있게 된다. 장벽 전위는 Si인 경우 대략 0.7V 정도 이고 Ge의 경우에는 0.3V 정도이다. 그림4.3은 전위장벽을 나타낸 것이다.

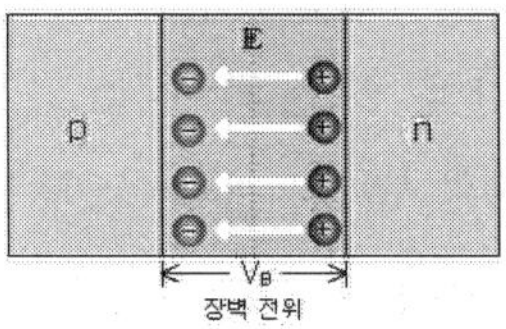

그림4.3 전위 장벽

그림 4.4는 PN접합의 기본인 다이오드를 나타낸 것이다. 그림(b)는 다이오드 기호이며 A는 anode(양극)으로 전류가 흘러 들어가는 쪽의 전극이고, C는 cathode(음극)는 전류가 흘러나오는 쪽이라고 한다. 이와 같이 PN 접합다이오드는 한쪽방향으로만 전류를 통과시키는 단일방향 특성을 가지고 있다. 따라서 다이오드는 동작상태에 따라 ON/OFF 되는 이상적인 스위치로 생각할 수 있다.

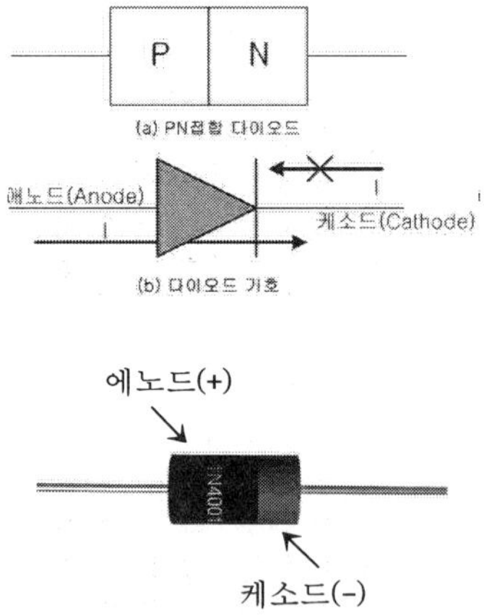

그림4.4 PN 접합다이오드

다이오드는 외부로 전압을 가하여 동작을 시키는데, 이 전압을 바이어스(bias)전압이라고 한다. 바이어스전압은 전압이 가해지는 방향에 따라 (+)방향으로 가해지면 순방향 바이어스, (-)방향이면 역방향 바이어스라고 한다.

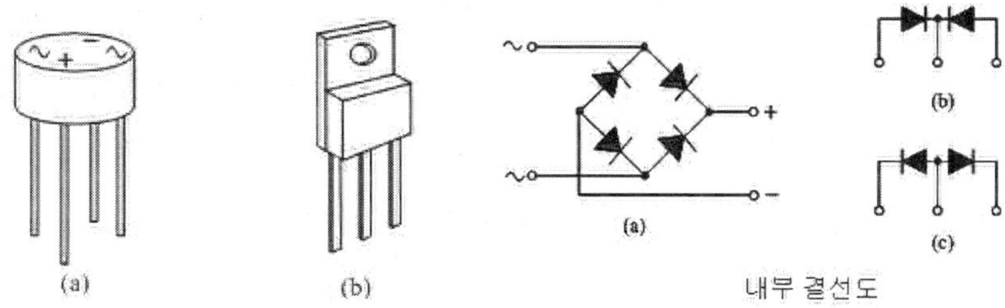

(a) 브리지 다이오드 (b) 다이오드 두 개를 한 패키지에 넣은 것

그림4.5 한 개 이상의 다이오드를 한 개의 패키지에 넣은 것

4.3 바이어스

그림 4.6는 순방향 및 역방향 바이어스에 대하여 나타내었다. 그림 4.6 (a)의 순방향 바이어스 회로도는 다이오드의 애노드(A)를 전원의 (+)로 캐소드(C)를 전원의 (-)로 연결한다. 이때 다수캐리어의 이동에 의하여 큰 전류가 흐르게 되고 저항은 매우 작다. 아래 그림은 순방향 바이어스일 때 다이오드를 스위치 ON으로 나타내고 있다.

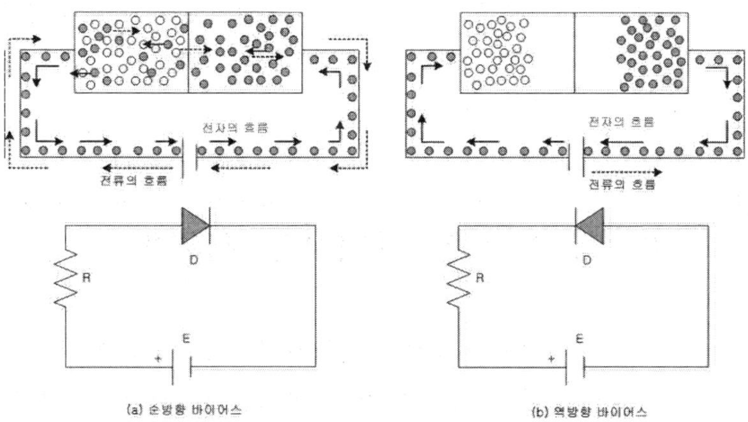

그림4.6 다이오드의 순방향 접속과 역방향 접속

그림 4.6 (b)의 역방향 바이어스 회로도는 다이오드의 애노드 (A)를 전원의 (-)로

캐소드(C)를 전원의 (+)로 연결한다. 이때에는 소수캐리어의 이동에 의하여 거의 0인 작은 전류가 흐르게 되고 저항은 매우 크다. 아래 그림은 역방향 바이어스일 때 다이오드를 스위치 OFF으로 나타내고 있다.

이상적인 경우 순방향 바이어스일 때는 저항값은 0, 역방향 바이어스일 때는 저항값은 ∞이다. 순방향 바이어스이면 전류 I는 지수함수로 증가하게되고, 역방향 바이어스이면 $I = -I_S$가 되어 아주 작은 전류 (거의 0)가 흐른다. 따라서 이상적인 PN 접합 다이오드의 전압-전류의 특성은 그림 4.7과 같다.

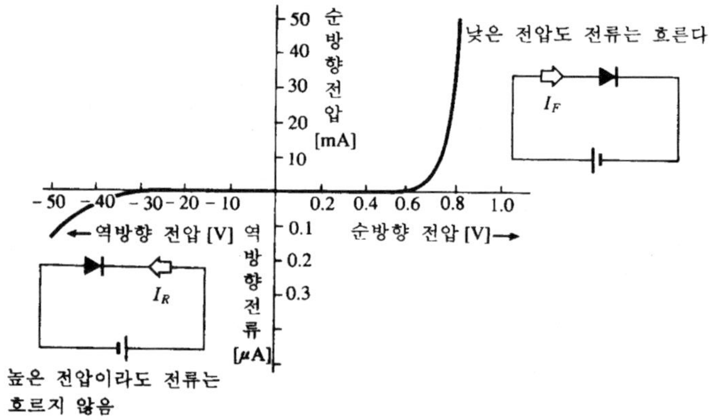

그림4.7 PN 접합다이오드의 V-I 특성

순방향 전압이 장벽전위 (Si : 0.7V, Ge : 0.3 V)와 비슷하면 전류는 증가하기 시작하고, 장벽전위에 도달하면 전류는 급격히 증가한다. 역방향 전압을 증가하면 항복전압이 될 때까지는 전류는 거의 0이 되고, 항복전압이 되면 큰 역방향 전류가 흐르게 되어 다이오드가 파괴될 수도 있다.

4.4 저항계를 이용한 다이오드 시험법

정상으로 동작하는 다이오드를 저항계로 시험하면 낮은 순방향 저항과 높은 역방향 저항을 나타난다. 순방향 저항 측정은 저항계의 (+)단자를 다이오드의 애노드에, (-)단자를 다이오드의 캐소드에 연결하면 된다. 이렇게 연결하면 전류가 흐르고, 순방향 저항은 낮은 저항값이 측정된다. 또한 역방향 저항 측정은 저항계의 리이드선을 순방향 측정과 반대로 연결한다. 이렇게 연결하면 역방향 바이어스가 인가되어 전류는 거의 흐르지 않고 높은 저항값이 측정된다. 만약에 다이오드의 극성에 관계 없이 매우 낮은 또는 매우 높은 저항값으로 측정되면 다이오드가 손상되었음을 나타낸다.

4.5 발광다이오드(LED)

반도체의 pn접합에 전류를 흘려 빛이 방출되도록 한 다이오드를 말하며, LED라고도 한다. 발광 다이오드의 색은 발광다이오드를 만드는 물질에 따라 달라지게 되며 실리콘 대신 Ca(칼륨), As(비소), P(인)의 화합물을 사용한다. 발광 다이오드의 특징은 전구에 비해 수명이 길고 열이 없고 4색(빨강, 초록, 주황, 노랑)을 발하며 일반 다이오드보다 순방향 전압이 높다 (1.2-1.3V, 10-20mA)

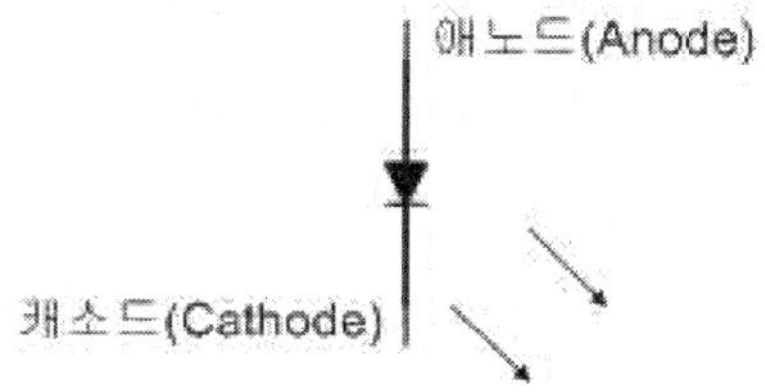

발광다이오드에 과전류를 방지하기 위한 저항은 다음 식으로 구한다.

저항 = $\frac{전원전압 - 발광다이오드의순방향전압(1.2-1.3V)}{발광다이오드에흘리고싶은전류(10-20mA)}$ 이다 예를 들어 전원이 12V이면 $\frac{12-1.2}{0.01} = 1000 \simeq 1k\Omega$ 이다

4.6 제너다이오드(Zener Diode)

4.6.1 제너다이오드의 동작

제너다이오드는 PN접합의 역방향 전압 특성을 이용하는 Diode이다. 제너다이오드는 역방향으로 전압이 가해졌을 경우 항복전압 Vz에 도달하기까지 역방향 전류는 무시할 수 있다. 그러나 Vz에서는 급경사적으로 나타나므로 전류는 거의 수직적으로 나타난다. 대부분의 항복영역구간에 걸쳐 입력전압이 증가하여도 출력전압은 Vz와 같게 된다. 따라서 제너다이오드는 일정한 전압을 얻기 위해 사용한다. 다시 말해서, 정전압 발생기로 주로 사용한다. 일반적으로 제너 전압은 약 2.4 [V] ~ 200 [V]까지 존재한다. 제너다이오드의 소비전력 Pz는 Pz = Vz * Iz로 표현되는데 이 값이 최대치 이하인 경우는 제너다이오드가 파손되지 않고 원상 복귀된다. 제너다이오드의 정격용량은 1/4 ~ 50[W]정도이다.

그림 4.8 (a)는 제너 다이오드를 표시하는 기호이다. 제너 다이오드의 전압-전류 특성은 일반적인 접합 다이오드와는 달리 역방향 바이어스에서 전압-전류 특성을 갖는다. 그림 4.8 (b)는 제너 다이오드의 전압-전류 특성곡선을 나타낸다.

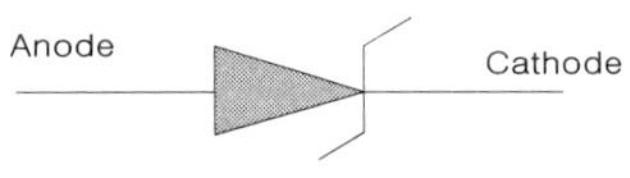

(a) 기호

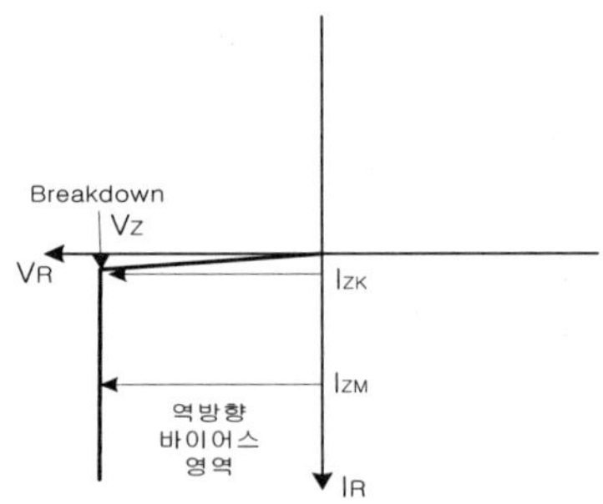

(b) 전압-전류 특성

그림4.8 제너 다이오드

4.6.2 전압조정(Voltage regulation)

제너 다이오드는 출력 부분의 전류가 변해도 출력 측의 전압을 일정하게 유지시켜 주는 전압조정기 역할을 한다. 그림4.9은 제너다이오드를 이용한 전압조정기 회로를 나타낸다.

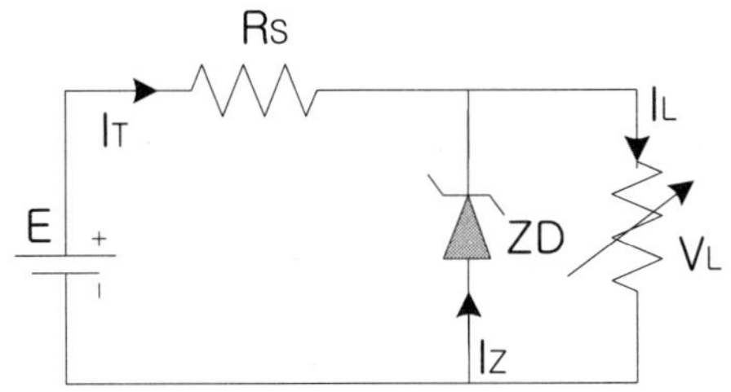

그림4.9 제너 다이오드를 이용한 전압조정기 회로

제너다이오드는 부하저항 R_S와 병렬로 접속되어 전원전압의 출력이나 부하저항의 변화에 관계없이 부하양단의 전압을 일정하게 유지하는데 사용된다. 전류제한 저항(R_S)과 제너다이오드의 정격치는 회로에 따라 선택되어진다. I_L이 5mA에서 20mA까지 변하는 부하에 대해 일정출력 $V_{OUT} = 10\,V$가 요구된다고 가정하면 전력은 20V의 직류 전원전압으로부터 회로에 공급된다. 그림4.9의 회로에서 위의 특성을 갖는 회로를 설계해 보자. 우선 V_Z=10V인 제너다이오드를 선택한다. 또한 다이오드의 제너 전류 I_Z는 부하전류 변동에 관계없이 총 전류 I_T를 30mA로 유지할 수 있을 정도로 충분히 크다고 가정한다. 그림4.9에 키르히호프 전압법칙을 적용하면 저항 R_S는 식(4.1)에서 구할 수 있다.

$$E = I_T \times R_S + V_{OUT}$$

$$R_S = \frac{E - V_{OUT}}{I_T} \qquad (4.1)$$

E=20V, V_{OUT}=10V, 그리고 $I_T = 30mA$를 식(4.1)에 대입하면

$R_S = \dfrac{20-10}{30 \times 10^{-3}} = 333\Omega$을 얻는다.

R_S의 전력 정격은 다음과 같이 구할 수 있다.

$W = \dfrac{V^2}{R_S} = \dfrac{10^2}{333} = 0.3\,W$ 실제로는 이보다 더 큰 용량의 저항을 선택하는 것이 바람직하다. 즉 1W $330\Omega \pm 5\%$의 저항을 사용하면 적당하다.

Ⅱ 실험

실험 1

(가) 다이오드를 이용하여 그림4.10의 회로를 구성하시오.

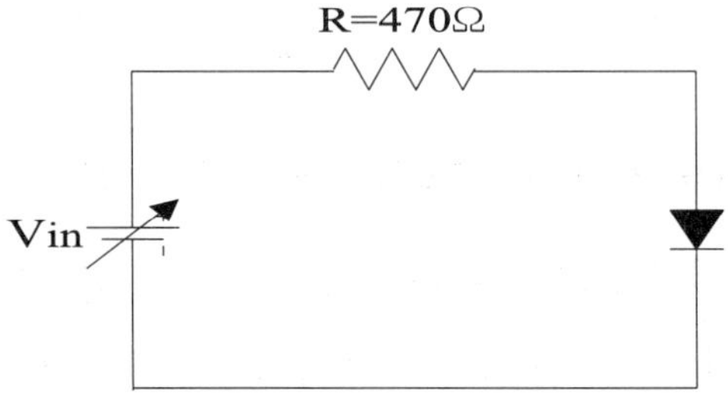

그림4.10 다이오드 순방향 전류-전압 특성 측정 회로

(나) 그림4.10의 회로에 표4-1에 주어진 것과 같이 Vin을 가변 시켜 다이오드에 흐르는 전류를 측정하여 표4-1에 기록하시오.

표4-1 1N4001의 순방향 특성

순방향 전압(V)	.2	.4	.6	.8	1	2	3	4	5
전류									

실험 2

(가) 다이오드의 역방향 전류-전압 특성을 측정하기 위해 그림4.10의 회로에서 다이오드를 역방향으로 설치한다. 그리고 실험1에서와 같은 방법으로 Vin을 표4-2의 전압값으로 가변 시켜 다이오드에 흐르는 전류를 측정하여 표4-2에 기록하시오.

(나) 표4-1과 표4-2의 결과값을 그림4.11에 그리시오.

표4-2 1N4001의 역방향 특성

역방향 전압(V)	0	2	4	6	8	10	12	15	18	20	22
저항양단전압											
다이오드전류											

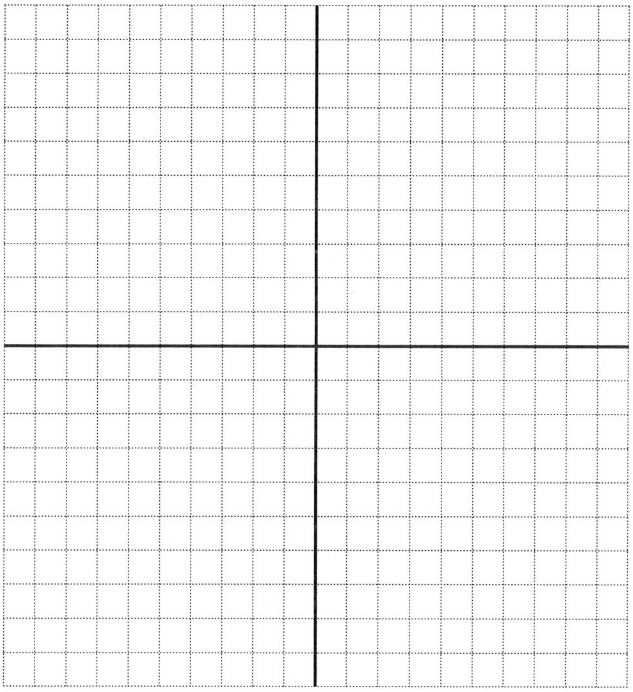

그림4.11 다이오드 특성 곡선

실험 3

(가) 그림4.12의 회로에서 LED를 발광하기 위해서는 얼마의 저항값이 필요한지를 계산하시오.

R=________________[Ω]

(나) 그림4.12의 회로를 구성하여 LED의 동작상태를 확인하시오.

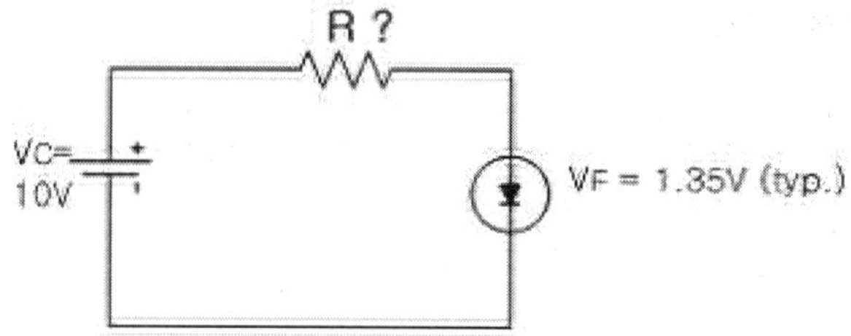

그림4.12 LED 회로 실험

실험 4

(가) 그림4.13 회로를 구성하시오.

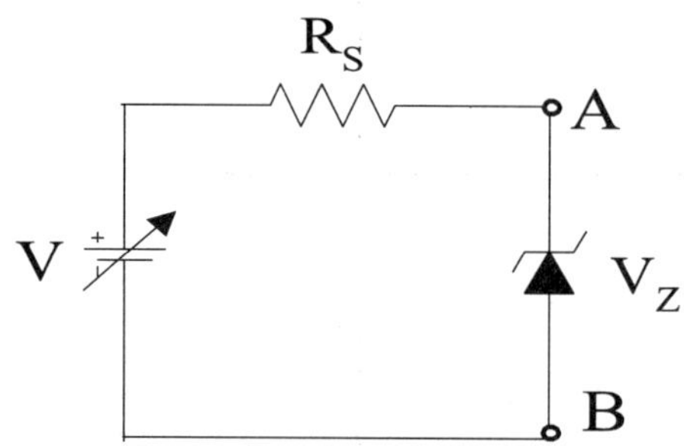

(R_s=500 [Ω])

그림4.13 제너다이오드 실험회로

(나) 전원공급기로 전압 V를 조정하여 표4-3에 있는 전압 V_{AB}를 맞추어서 제너 다이오드 전류 I_Z를 측정하여 기록하시오.

표4-3

V_{AB} (V)	0	1	5	6	7	8	9	10	11
V (V)									
I_Z (mA)									
R_Z (Ω)									
V_{AB} (V)	12	13	14	15	16	17	18	19	20
V (V)									
I_Z (mA)									
R_Z (Ω)									

(다) 다이오드 저항 R_Z는 계산하여 표4-3에 기록하시오. 이때 다이오드의 전격전력($P_Z = V \times I$)을 초과하지 않도록 주의해야 된다.

($R_Z = \frac{V_{AB}}{I_Z}$ 를 이용하면 된다.)

(라) 그림 4.3의 제너다이오드의 방향을 반대방향으로 바꾼다.

(마) 전원공급기 V를 조정하여 표 4.2에 있는 순방향 전압 V_{AB}에 따라 전류를 측정하여 기록하시오.

표4-4

V_{AB} (V)	0	0.1	0.2	0.3	0.4	0.5	0.6	0.7	0.9
V (V)									
I_Z (mA)									
R_f (Ω)									

(바) 다이오드 순방향 저항 R_f를 계산하여 표4-4에 기록하시오.

($R_f = \frac{V_{AB}}{I_Z}$ 를 이용하면 된다.)

(사) 표 4.1과 4.2를 이용하여 제너다이오드의 특성곡선을 그리시오.

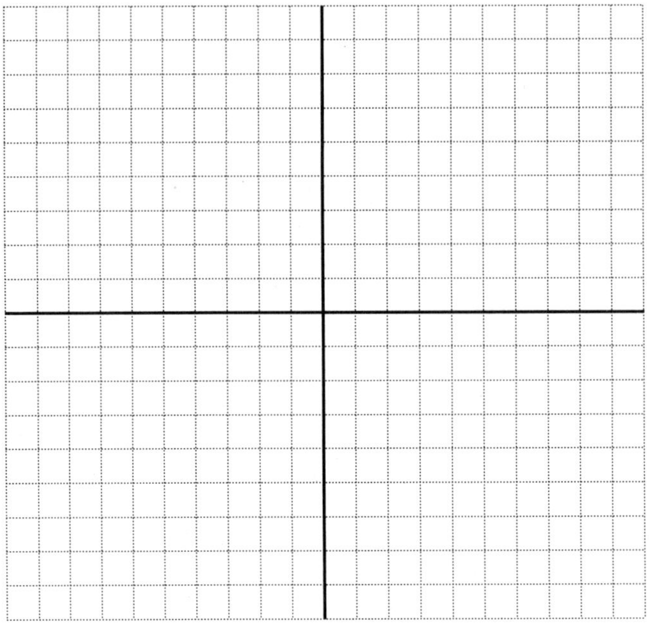

그림4.4 제너 다이오드 특성곡선

실 험 보 고 서

실험제목			실험일자	
학년	반	학번	실험조	성명

실험 1

순방향 전압(V)	.2	.4	.6	.8	1	2	3	4	5
전류(I_d)									

실험 2

역방향 전압(V)	0	2	4	6	8	10	12	15	18	20	22
저항양단전압											
다이오드전류											

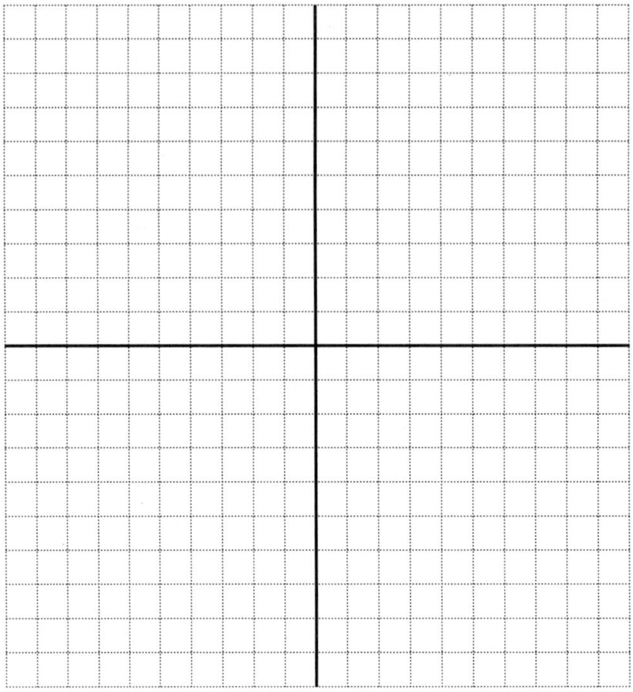

실험 3

R=______________ [Ω]

실험 4

V_{AB} (V)	0	1	5	6	7	8	9	10	11
V (V)									
I_Z (mA)									
R_Z (Ω)									
V_{AB} (V)	12	13	14	15	16	17	18	19	20
V (V)									
I_Z (mA)									
R_Z (Ω)									

V_{AB} (V)	0	0.1	0.2	0.3	0.4	0.5	0.6	0.7	0.9
V (V)									
I_Z (mA)									
R_f (Ω)									

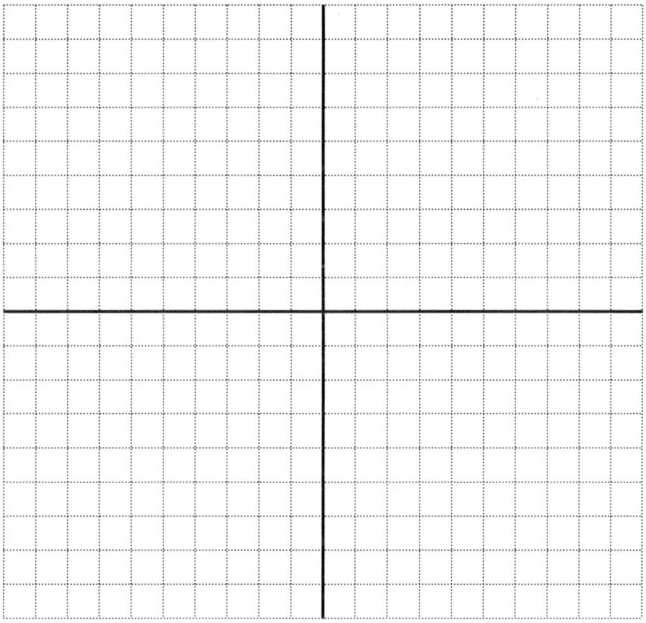

절취선

실험 5 다이오드 정류회로

<table>
<tr><td>실습목적</td><td colspan="4">다이오드를 이용한 교류신호의 정류작용(반파정류, 전파정류) 특성을 이해하고 실험으로 확인한다.</td></tr>
<tr><td rowspan="8">실습준비물</td><td>계측기</td><td colspan="2">• 오실로스코프
• 함수발생기
• 가변직류전원</td><td>1대
1대
1대</td></tr>
<tr><td rowspan="5">부 품</td><td>• 브레드보드</td><td></td><td>1개</td></tr>
<tr><td>• 저항</td><td>470Ω(0.5W), 10kΩ</td><td>1개</td></tr>
<tr><td>• 트랜스포머</td><td>220V</td><td>1개</td></tr>
<tr><td>• 캐패시턴스</td><td>1uF, 10uF, 100uF, 1000uF</td><td>각1개</td></tr>
<tr><td>• 다이오드</td><td>1N4001</td><td>4개</td></tr>
</table>

I 이론

5.1 반파 정류회로

그림 5.1은 다이오드 한 개로 구성된 반파 정류회로(half wave rectifier circuit)라 한다. 반파 정류회로는 다이오드의 입력 교류 전압의 반주기만을 출력으로 이용할 수 없으므로 효율이 나쁘고 맥동률(리플 백분율)이 크다. 이와 같은 출력 전압은 방향은 변하지 않으나 크기만이 주기적으로 변화하고 있으므로 맥동전압이라 한다.

이 회로에서는 다이오드 D와 부하저항 R이 직렬로 연결되어 있으며 변압기 2차측에 AC 12V 정현파를 만들어, 다이오드에 인가하면 신호의 한 주기 중 정(+)의 반주기는 순방향 바이어스가 되어 부하저항 R양단에 출력 V_O가 나타난다. 이와 반대로 부(-)의 반주기는 역방향 바이어스가 되어 다이오드에는 전류가 흐르지 않아서 부하저항 R에 출력값이 나타나지 않는다. 반파정류는 그림의 출력전압 V_O파형처럼 반주기에서 출력이 나타나고, 나머지 반주기에는 출력이 나타나지 않는 것을 반파정류라고 한다.

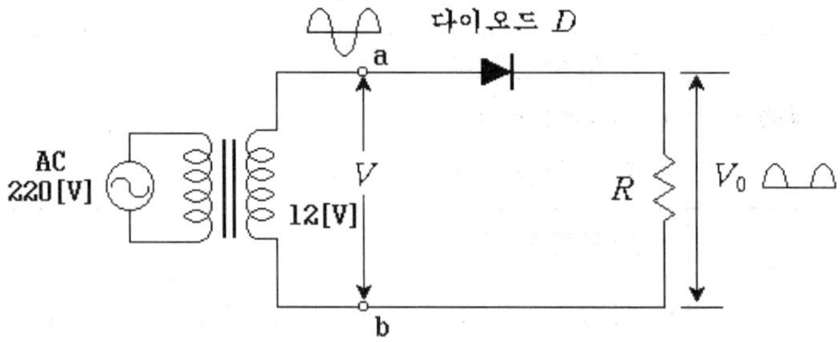

그림5.1 반파 정류회로

5.2 전파 정류회로(full wave rectifier circuit)

입력전압이 정(+)·부(-) 언제이든지 2개의 다이오드 중 한개는 항상 도통 상태가 되어 부하저항 R에는 전류가 흘러서 출력전압이 나타나는 것을 전파정류라고 한다.

(1) 중간 탭형 전파 정류회로

그림5.2는 중간 탭형 전파 정류회로로서 a, b간의 전압이 정(+)의 반주기간에서는 D_1이 도통하지만 b, c 간의 전압은 이때 부(-) 반주기간이므로 D_2 는 도통되지 않는다. 반주기가 지나면 a, b 간의 전압이 부(-) 반주기간이므로 D_1 이 도통되지 않고, b, c간의 전압이 정(+)의 반주기가 되므로 D_2 가 도통한다. 따라서, 저항 R의 단자에서는 입력 교류 전압의 전 주기에 걸쳐서 방향이 변하지 않는 출력 전압을 얻을 수 있다.

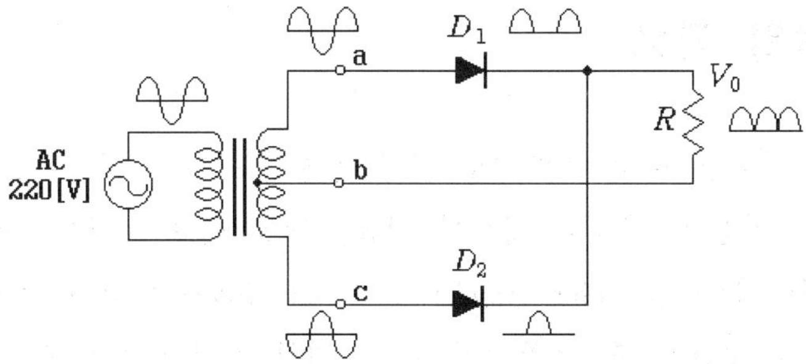

그림5.2 중간 탭형 전파 정류회로

(2) 브리지형 전파 정류회로

그림5.3은 다이오드 4개를 브리지(bridge) 형으로 접속한 브리지형 전파 정류회로로서 가장 널리 사용되는 회로이다. 입력 교류전압이 정(+)의 반주기가 되면 점 a가 점b보다 전위가 높아져서 $D_1 \rightarrow R \rightarrow D_2$의 회로로 순방향 전압이 가해져서 점c에서 R을 통하여 점d에 향해 전류가 흐른다. 또한, 입력교류전압이 부(-)의 반주기가 될 때는 점 b가 점 a보다 전위가 높아져서 $D_3 \rightarrow R \rightarrow D_4$의 회로에는 순방향 전압이 가해져서 점 c에서 R을 통하여 점 d로 전류가 흐른다. 따라서, 저항 R의 단자에서는 그림에서와 같이 전파 정류의 출력 전압이 얻어진다.

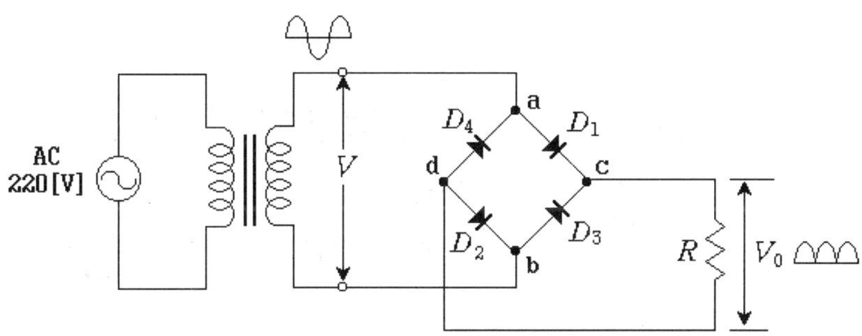

그림5.3 브리지형 전파 정류회로

5.3 평활 회로

정류회로의 출력전압은 반파 정류에도 전파 정류에도 많은 리플분을 포함하고 있다. 따라서, 리플분 성분을 없애고 매끈한 직류전압을 얻을 수 있는 회로가 필요한데, 이 회로를 평활 회로(smoothing circuit) 또는 필터(filter)라 한다. 따라서, 평활 회로에는 정류 소자로 정류한 후 부착하게 된다. 평활 회로에는 콘덴서와 코일 등이 사용된다.

그림5.5(a)는 평활용 소자로서 콘덴서를 사용하고 C와 R에 의해 구성된 가장 간단한 평활 회로이다. 그 동작은 다음과 같다.

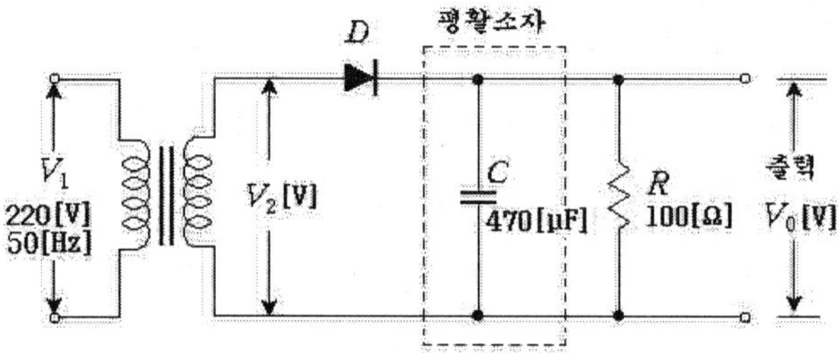

(a) 회로 구성

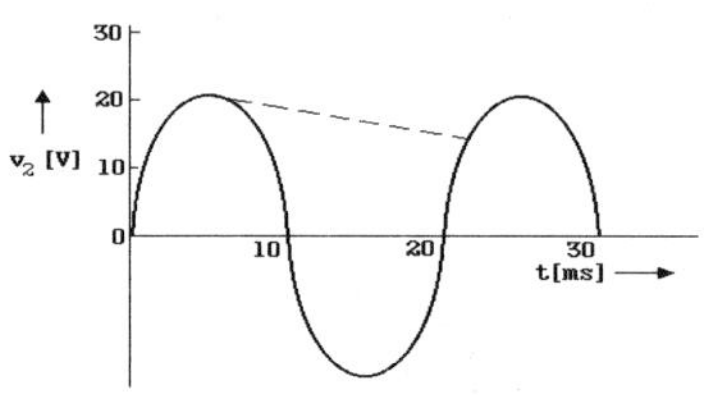

(b) 다이오드의 입력 파형

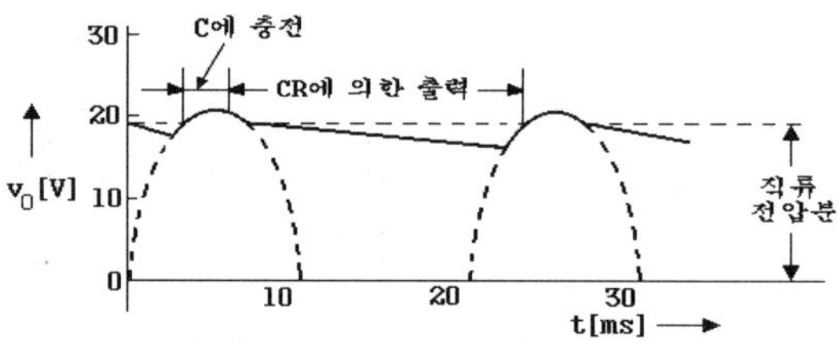

(c) 평활 회로 출력 파형

그림5.5 평활 회로

콘덴서 C는 그림 (c)와 같이 그림 (b)의 최대값까지 충전된다. 그래서 다이오드에 입력 전압 V_2가 다이오드의 출력 전압 V_0보다 낮을 때 $V_2 < V_0$의 시간에 있어서는 C에 충전된 전압이 저항 R을 통하여 방전된다.

따라서 출력 전압은 그림 (c)의 실선과 같이 되어 맥동 전압의 변동이 감소되고 출력전압의 평균값 즉, 직류 전압분은 파선부분이 된다. 그림 (a)의 회로에 있어서 R을 일정하게 하고 C의 용량을 크게 하면 출력은 평탄하게 된다. 그러나, C의 용량이 너무 크면 큰 충전전류가 흘러 다이오드를 파손할 위험이 있다. 일반적으로 C의 용량은 50~470 [μF]의 것이 사용된다.

Ⅱ 실험방법

실험 1 반파정류회로

(가) 그림 5.6의 회로를 구성하시오.

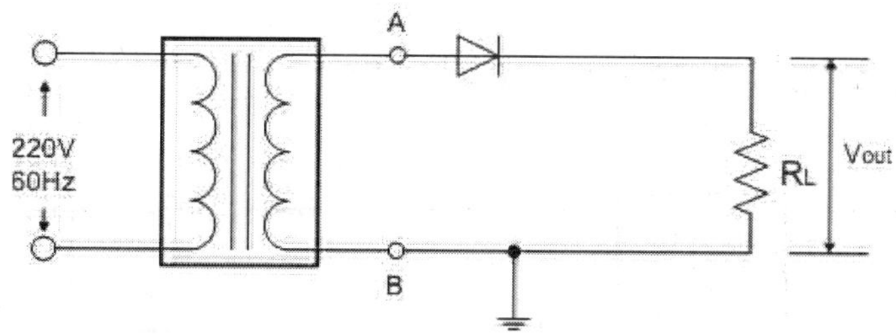

(R_L=470Ω)

그림5.6 반파정류회로 실험

(나) 트랜스포머를 전원(220V) 플러그에 꽂고 A-B사이의 전압파형을 그림5.7에 그리시오

(다) 반파정류 회로의 출력 V_{out}인 저항 R_L양단의 신호를 오실로스코프로 측정하여 파형을 그림 5.7에 그리시오.

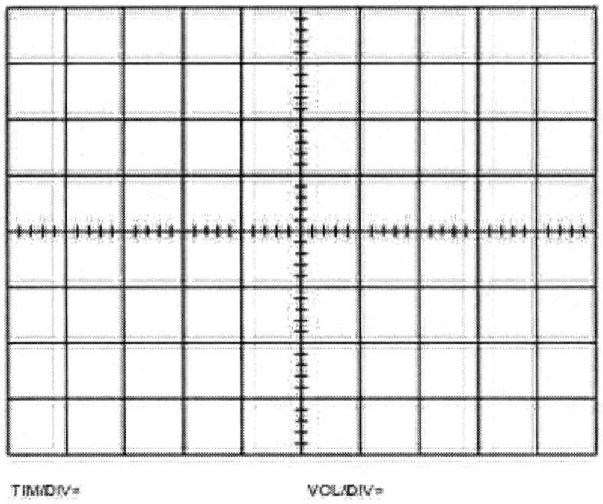

그림5.7

실험 2

(가) 그림5.8의 회로를 구성하시오.

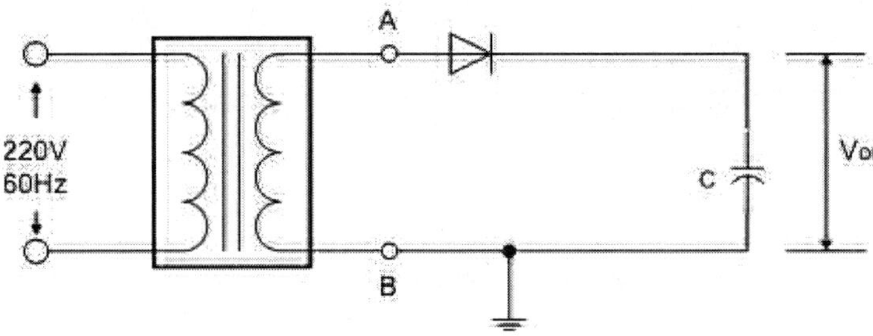

그림5.8 평활회로 (C=1μF, 10μF, 100μF, 1000μF)

(나) 회로의 출력 V_{out} 을 오실로스코프로 측정하여 파형을 그림 5.9의 Vout에 그리시오.

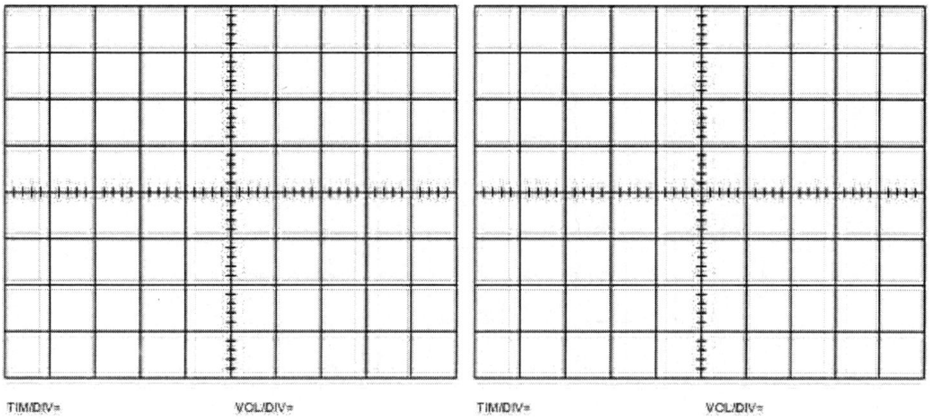

(a) C=1㎌, 10㎌ (b) C=100㎌,1000㎌

그림5.9

실험 3

(가) 트랜스포머를 전원(220V) 플러그에 꽂고 A-B사이의 전압파형을 그림5.11에 그리시오

(나) 그림5.10의 브리지 전파 정류회로를 결선하고, V_{A-B} , V_{OUT} 신호를 오실로스코프로 측정하여 그 결과를 그림5.11에 그리시오.

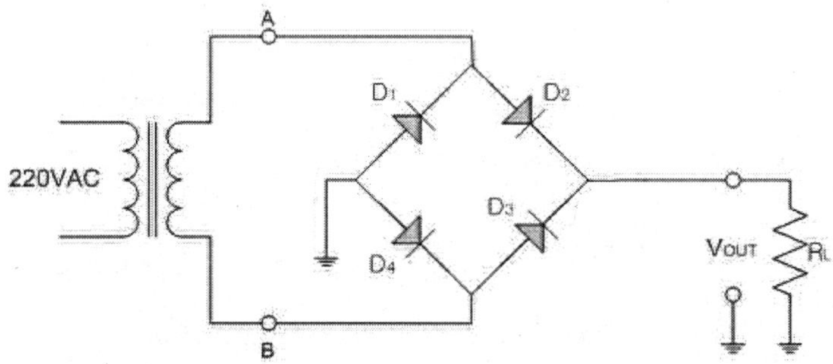

그림5.10 브리지 전파 정류회로

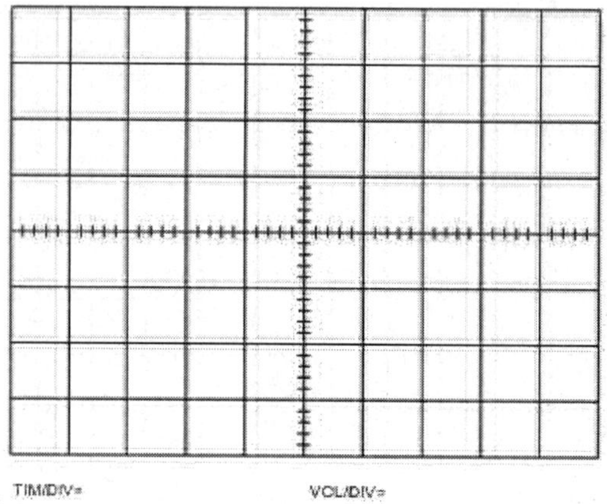

그림5.11

실험 4

(가) 그림5.12의 브리지 전파 정류회로를 결선하고, 캐패시터 1㎌를 연결한 후 V_{OUT} 신호를 오실로스코프로 측정하여 그 결과를 그림5.13에 그리시오.

(나) 캐패시터를 10㎌,100㎌, 1000㎌으로 바꾸고 실험(가)를 측정한 후 그림5.3에 그리시오.

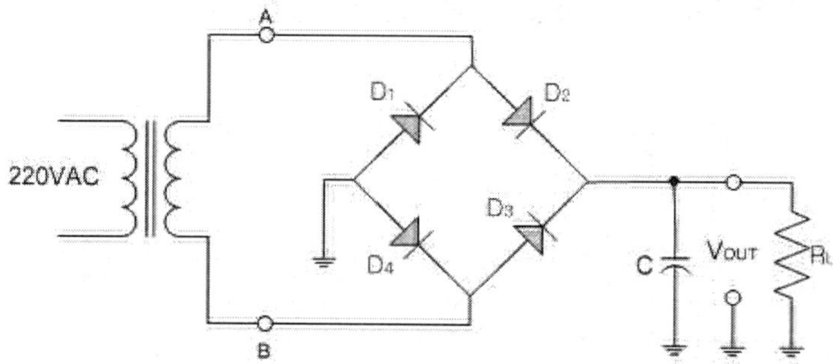

그림5.12 평활 회로 (C=1μF,10μF,100μF,1000μF)

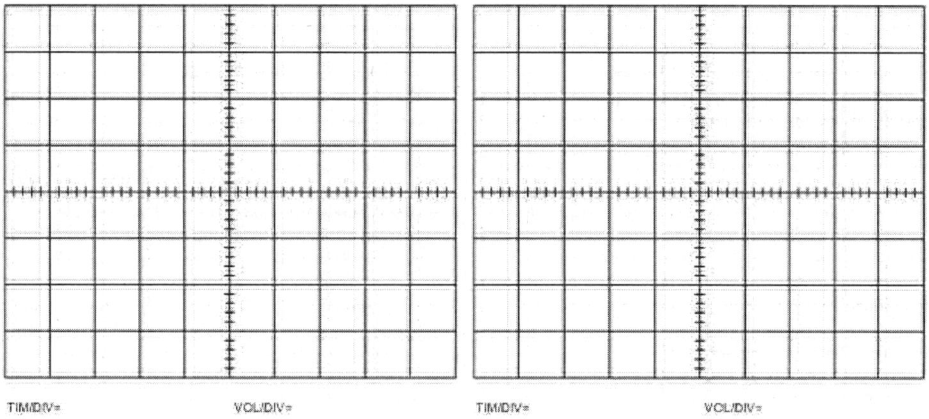

(a) C=1㎌, 10㎌ (b) C=100㎌,1000㎌

그림5.13

실험 5

(가) 그림5.14의 회로를 구성하시오.

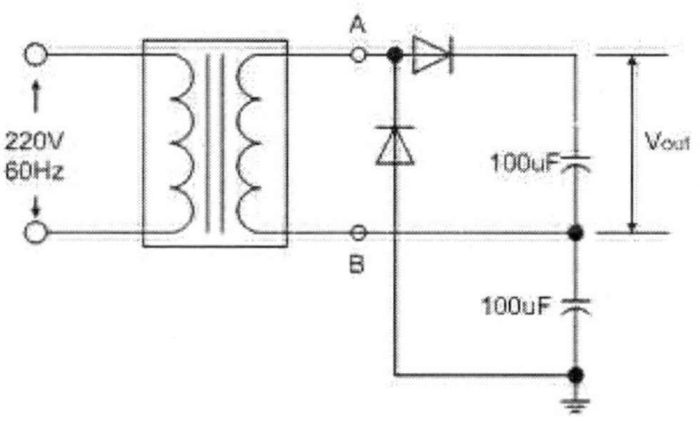

그림5.14

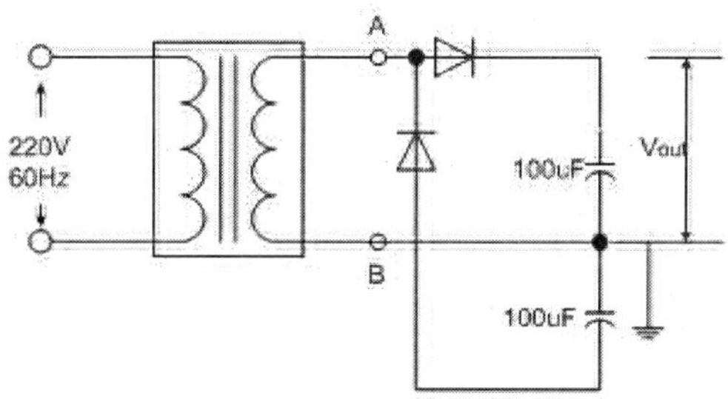

그림5.15

(나) 회로의 출력 V_{out}을 오실로스코프로 측정하여 파형을 그림 5.16(a)의 Vout에 그리시오.

(다) 그림5.15의 회로를 구성하시오.

(라) 회로의 출력 V_{out}을 오실로스코프로 측정하여 파형을 그림 5.16(b)의 Vout에 그리시오.

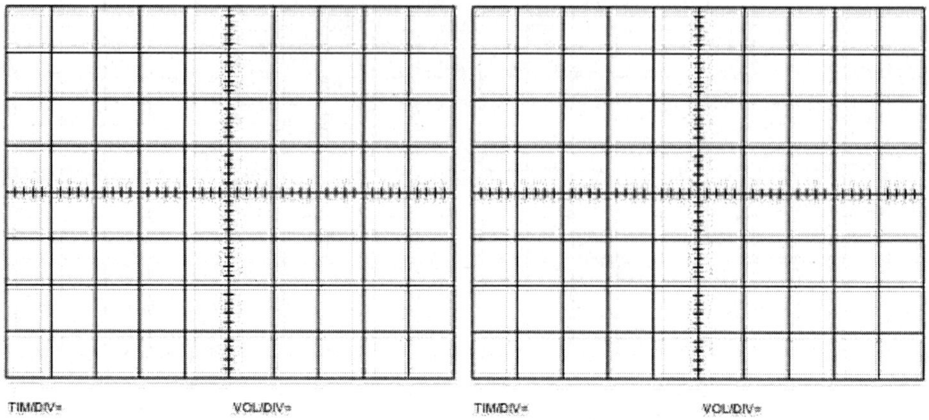

(a) (b)

그림5.16

실 험 보 고 서

실험제목			실험일자	
학년	반	학번	실험조	성명

실험 1

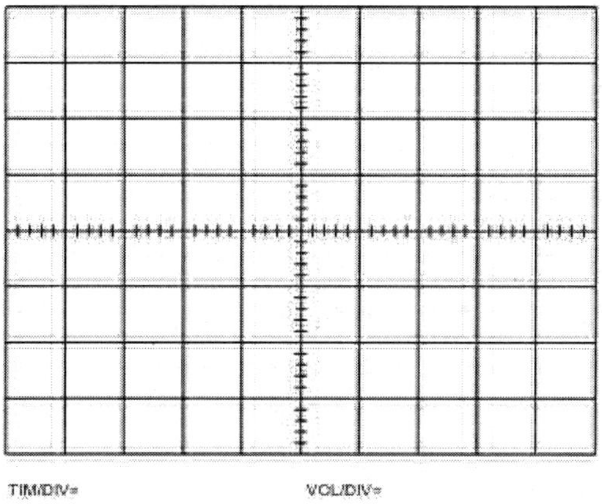

실험 2

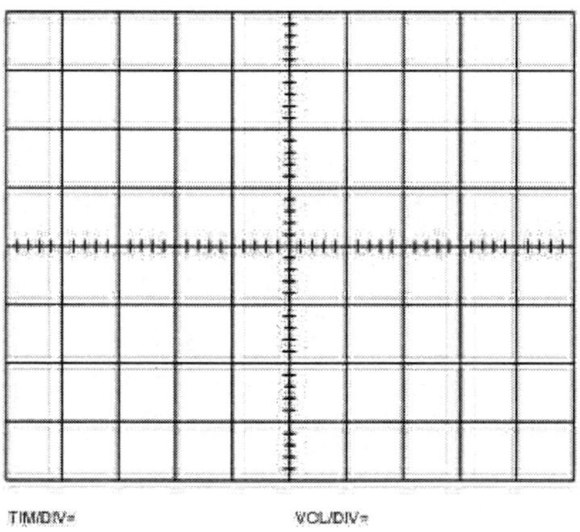

(a) C=1㎌, 10㎌

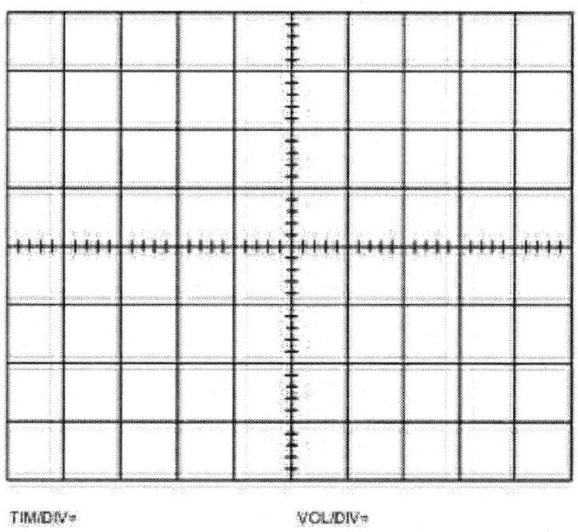

(b) C=100㎌,1000㎌

절취선

실험 3

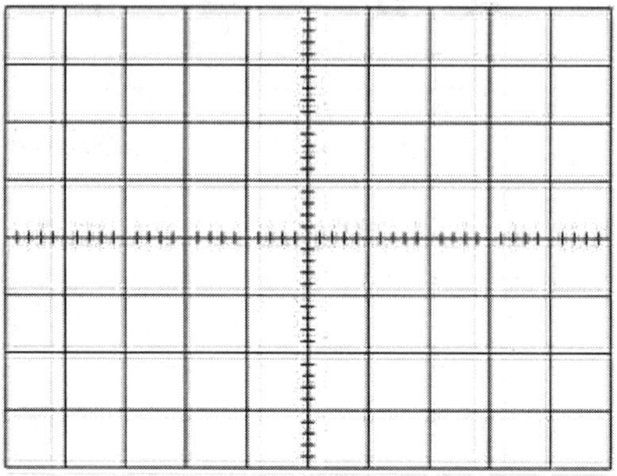

TIM/DIV=　　　　VOL/DIV=

실험 4

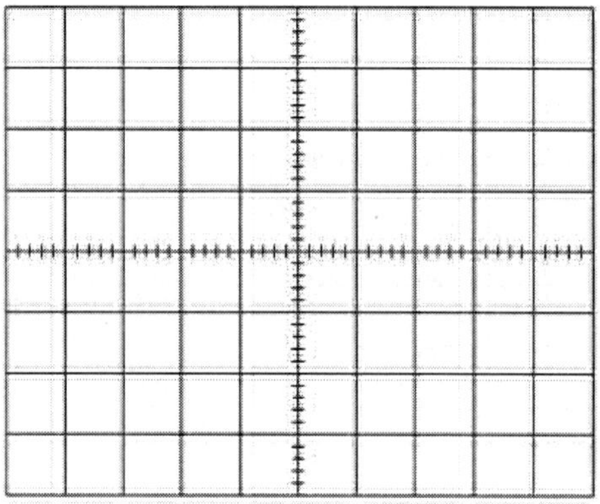

TIM/DIV=　　　　VOL/DIV=

(a) C=1㎌, 10㎌

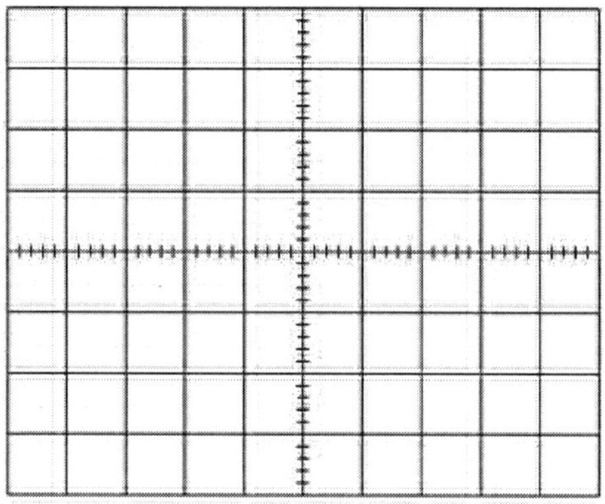

TIM/DIV=　　　　VOL/DIV=

(b) C=100㎌,1000㎌

실험 5

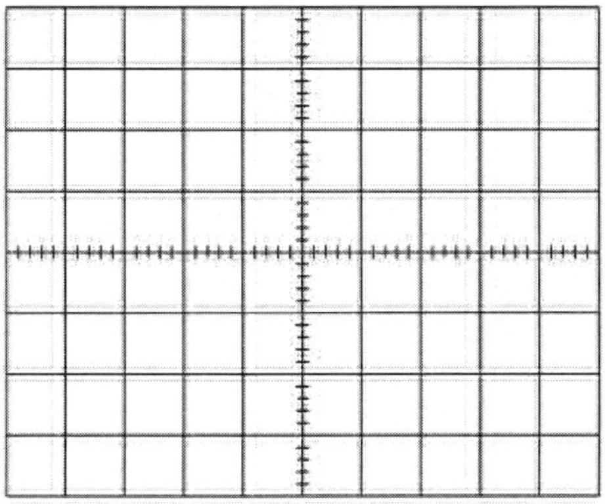

TIM/DIV= VOL/DIV=

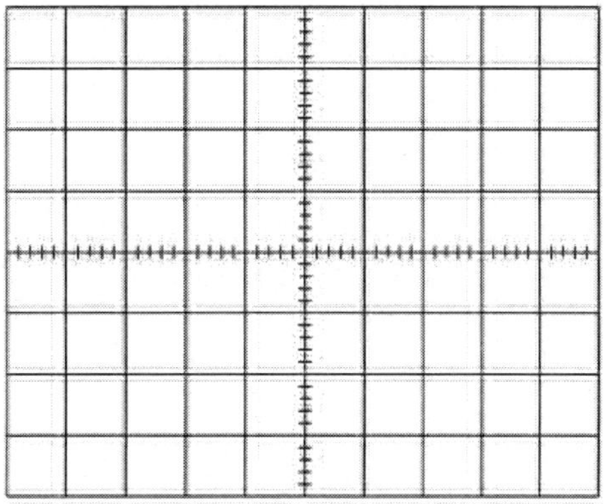

TIM/DIV= VOL/DIV=

실험 6 클리퍼와 클램퍼

실습목적	• 다이오드 클리퍼의 동작원리를 이해하고 실험으로 확인한다. • 다이오드 클램프의 동작원리를 이해하고 실험으로 확인한다.		
실습준비물	계측기	• 오실로스코프 • 함수발생기 • 가변직류전원		1대 1대 1대
	부 품	• 브레드보드		1개
		• 저항	1kΩ, 1.2kΩ, 120kΩ	1개
		• 캐패시턴스	0.1uF	1개
		• 다이오드	1N4001	2개

I 이론

6.1 클리퍼(clipper)회로

어떤 신호의 상하 일부를 자르거나 일정한 전압으로 제한하는 회로를 클리핑(clipping)회로 또는 리미터(limiter)라 한다. 이것은 다이오드를 이용해 만들 수 있으며, 다이오드를 스위치로서 이용하는 것이다. 그림6.1은 (+)반주기를 제한하기 위한 클리퍼회로이다. (+)반주기 동안에 다이오드는 역방향으로 바이어스된다.

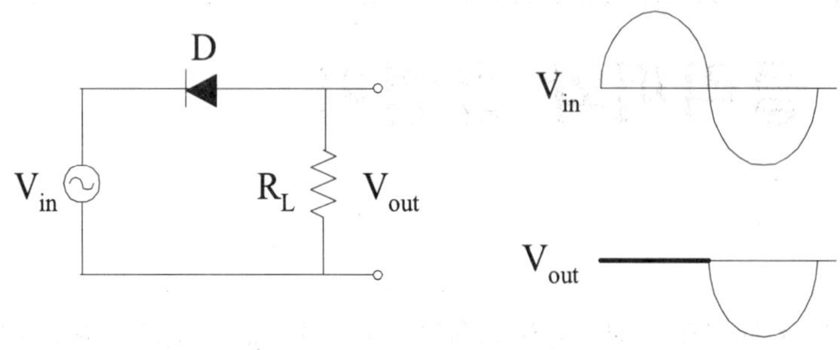

(a) 회로도　　　　　　(b) 입출력 파형

그림6.1 (+)반주기를 제한한 클리퍼회로

따라서 회로에는 전류가 흐르지 않으므로 R_L양단의 출력전압 v_0는 0V가 된다. (-) 반주기 동안에는 다이오드는 순방향으로 바이어스 되어 저항 R_L에 전류가 흐르게 된다. 따라서 저항 양단의 출력전압 v_{out}는 (-) 반주기 동안에만 나타나게 된다. 그림 6.2는 다이오드를 그림6.1에 대해 반대로 접속하여 (-)클리퍼로 되는 것을 보인다.

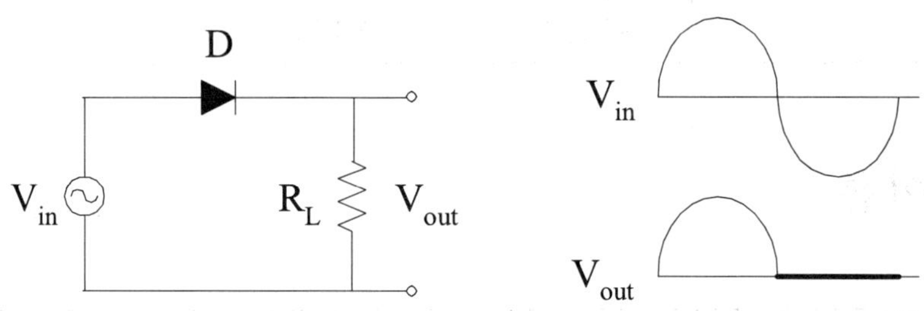

(a) 회로도　　　　　　(b) 입출력 파형

그림6.2 (-)반주기를 제한한 클리퍼회로

그림 6.3은 (+) 변곡점을 갖는 병렬 클리퍼회로를 나타낸다. 회로에서 입력 신호가 V_R 보다 크면 다이오드 D는 on 상태가 되며 다이오드의 애노드 전압은 캐소드 전압 보다 다이오드 순방향전압(V_f)만큼 더 높게 되고, 애노드 단자의 전압은 $V_R + V_f$와 같다. 그리고 입력 전압이 V_R보다 낮으면 다이오드는 off 상태가 되므로 출력 전압은 V_{in}과 같다. 즉, 이 회로는 입력 전압이 V_R보다 더 높아지면 잘라버리는 역할을 한다.

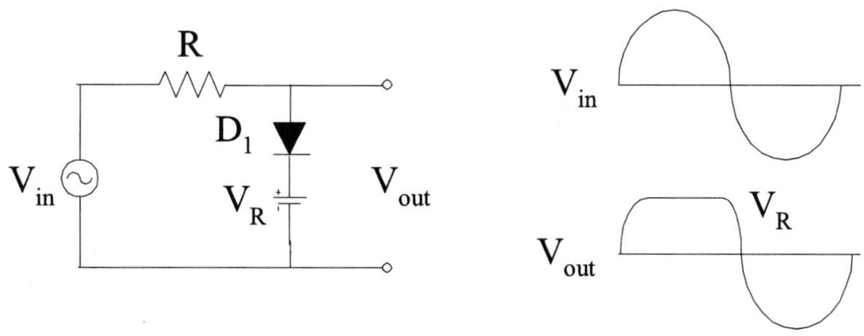

(a) 회로도 (b) 입출력 파형

그림6.3 (+)반주기를 제한한 병렬 클리퍼회로

그림 6.4는 (-) 변곡점을 갖는 병렬 클리퍼회로를 나타낸다.

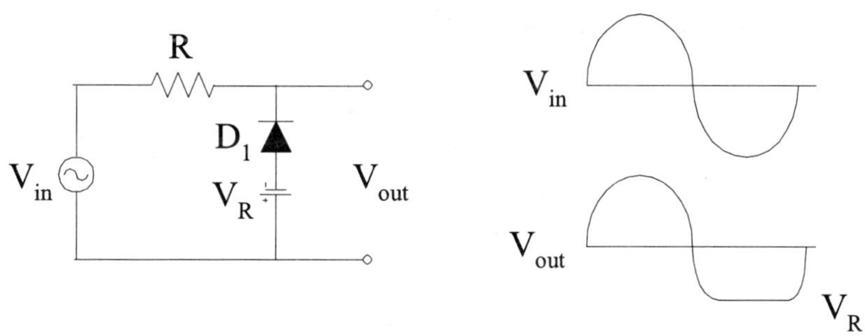

(a) 회로도 (b) 입출력 파형

그림6.4 (-)반주기를 제한한 병렬 클리퍼회로

6.2 리미터(limiter) 회로

그림6.5 회로는 두 개의 굴곡점을 갖는 병렬 클리핑 회로로서 *D*1은 입력파형의 양의 부분이 V_{R1}보다 큰 경우 잘라버리고, *D*2는 입력신호의 음의 부분이 V_{R2}보다 작으면 잘라낸다. 이와 같이 입력 신호의 중심부를 출력하는 회로를 진폭제한(limiter) 회로라 부른다.

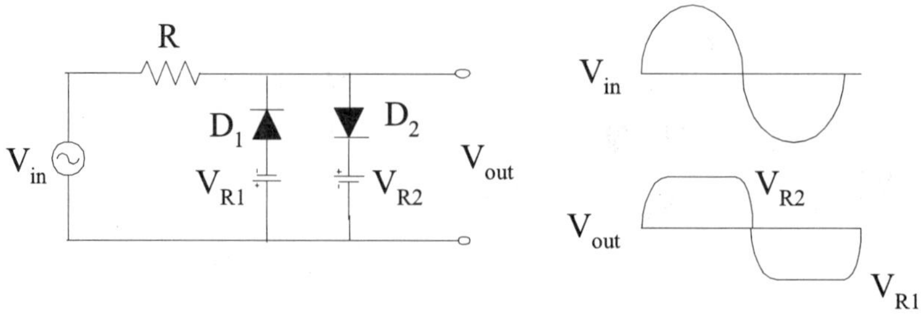

(a) 회로도　　　　　(b) 입출력 파형

그림6.5　리미터 회로

6.3　슬라이서(Slicer) 회로

리미터 회로의 직류 전압을 그림6.6과 같이 바꾸면, 파형의 일부분을 인출 할 수 있다. 그림6.6과 같이 5 [V]와 8 [V]의 전지를 접속하면, 입력 전압 v_i 가 5 [V]보다 낮을 경우는, D_1 이 ON으로 되어 출력은 5 [V]가 된다.

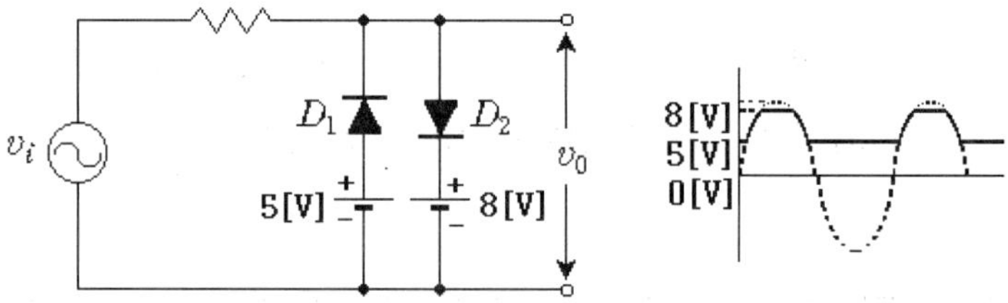

그림6.6　슬라이서 회로

v_i 가 8 [V]를 넘으면 D_2 가 ON으로 되어, 출력은 8 [V]로 된다. v_i 가 5~8[V]일 때는, D_1, D_2가 함께 OFF로 되어 입력 파형의 일부가 출력된다. 이와 같이 입력신호의 일부분을 출력하는 회로를 슬라이서 회로(slicer circuit)라고 부른다.

6.4 클램프 회로

클램프은 입력파형의 형태는 변화시키지 않고 입력파형에 직류전위를 더해주는 회로이다. 클램프회로에는 (+)클램프회로와 (-)클램프회로가 있다.

그림 6.7은 입력전압 V_{in}의 피크-피크전압이 +1 [V] ~ -1 [V] 범위로 변하는 파형이다. 이 입력을 그림6.6 (a)에 인가하면 출력 V_{out}는 그림 (b)처럼 0 ~ 2 [V]가 된다. 이를 정(+) 클램프라고 한다.

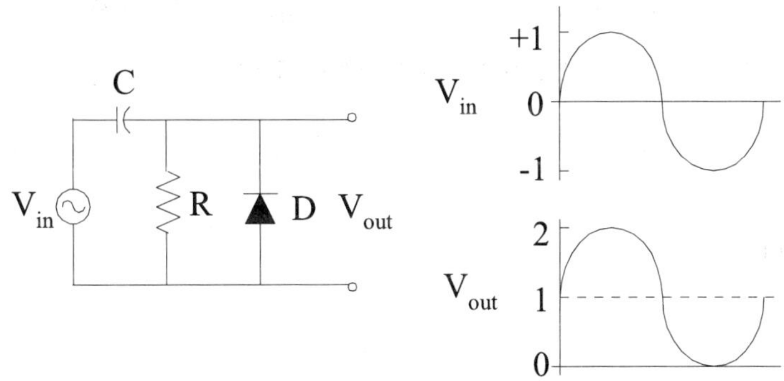

(a) 회로도 (b) 입출력 파형

그림6.7 정(+) 클램프 회로

그림6.6 의 정(+)클램프의 동작은 다음과 같다. 그림 (b)의 입력신호의 부(-)의 반주기 동안은 다이오드 D가 ON되어 캐패시터 C는 충전된다. 이 때 캐패시터 C는 (-) 반주기의 피크인 1 [V]까지 충전된다. 또한 정(+)의 반주기동안은 다이오드는 OFF가 되어 캐패시터 C는 R을 통해 방전이 된다. 그러나 시정수 RC가 정현파 주기보다 크면 캐패시터는 방전하지 못하므로 C에는 1 [V]의 충전전압을 가지고 있다고 생각할 수 있다. 따라서, 이와 같은 회로에 입력전압의 피크-피크 전압을 2 [V] 인가하면 출력파형 V_{out}는 0 [V]~2[V]의 범위에서 변화하는 파형이 된다. 그림6.8은 (-)클램프 회로와 동작을 나타낸 것이다.

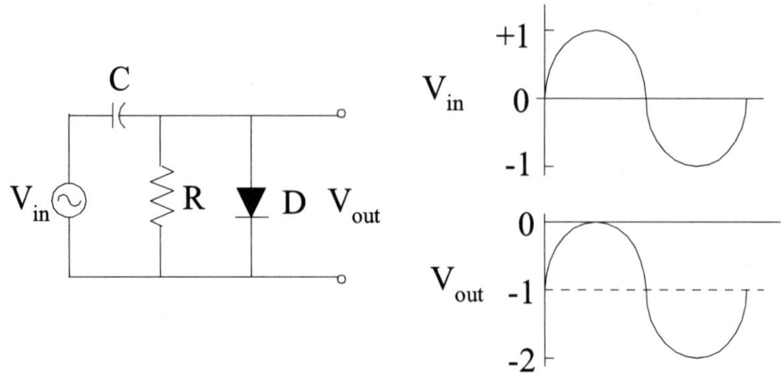

(a) 회로도 (b) 입출력 파형

그림6.8 부(-) 클램프 회로

Ⅱ 실험

실험 1 클리퍼회로

(가) 그림6.9의 다이오드를 이용한 각 종 클리퍼 회로를 구성하고 주어진 정현파 신호를 펑션제너레이터로 공급하여 출력파형을 그래프에 그리시오.

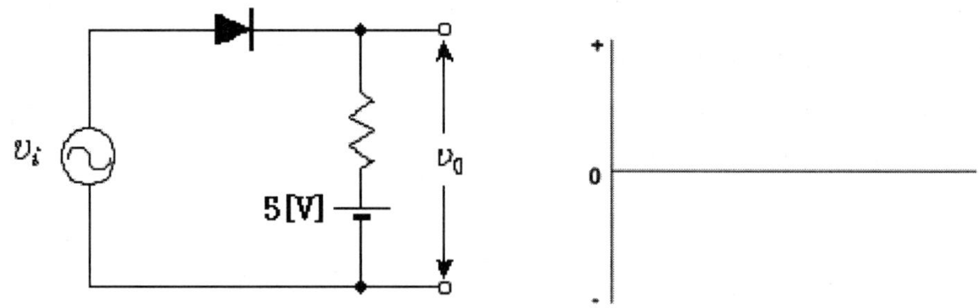

(a) 다이오드 직렬형 베이스 클리퍼

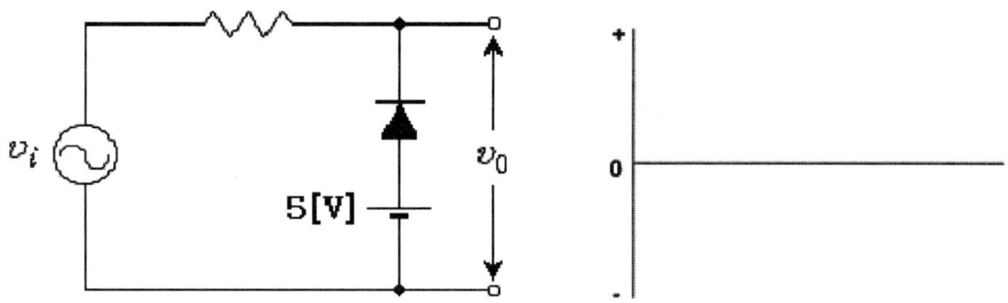

(b) 다이오드 병렬형 베이스 클리퍼

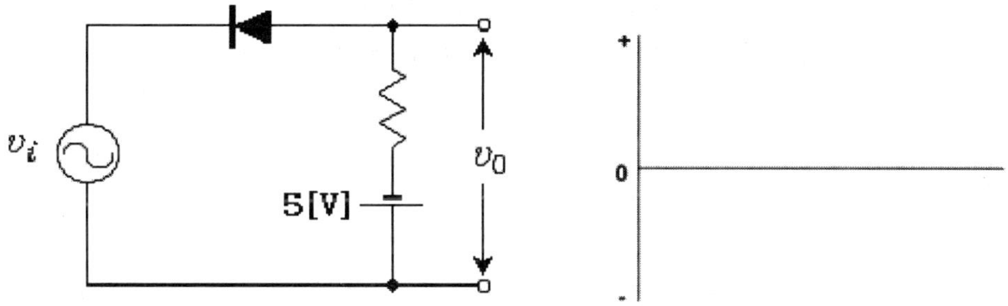

(c) 부(-)의 피크를 출력하는 직렬형 클리퍼

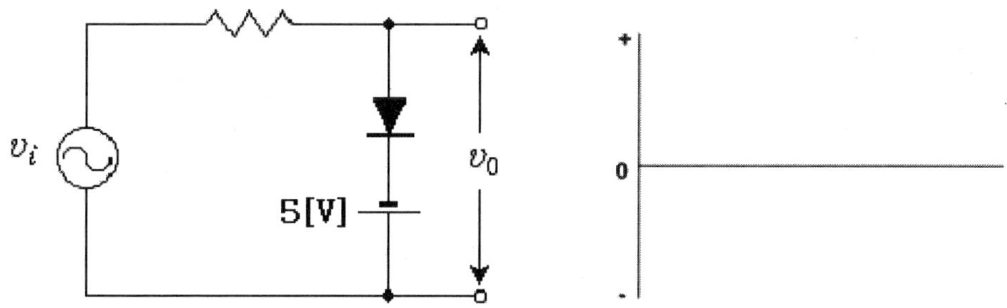

(d) 부(-)의 피크를 출력하는 병렬형 클리퍼

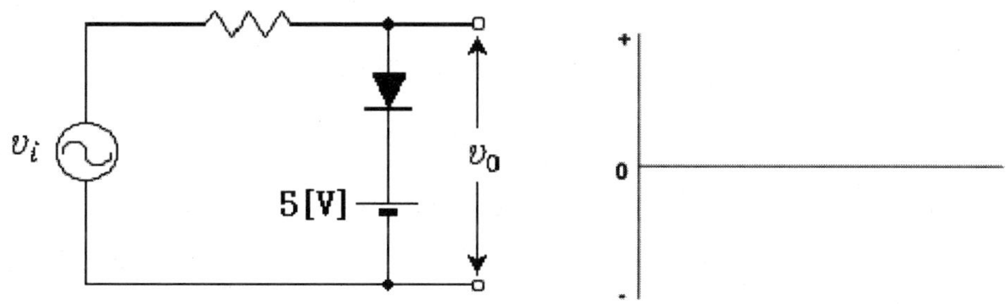

(e) 정(+)의 피크 제거 클리퍼

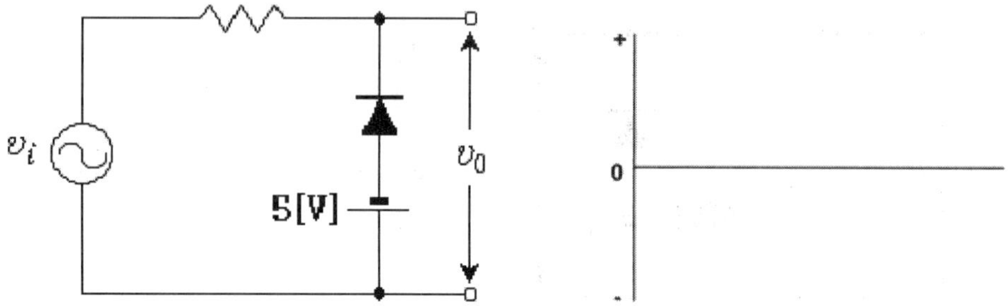

(f) 부(-)의 피크 제거 클리퍼

그림6.9 다이오드 클리퍼회로

(R=1kΩ, D=1N4001,입력신호=±10V, 500Hz 사인파)

실험 2 리미트회로

(가) 그림 6.10(a)의 회로를 구성하시오.

(나) 오실로스코프를 이용하여 부하 저항 양단의 파형을 관찰하고, 측정된 파형을 그림 6.12(a)에 그리시오.

(다) 그림 6.10(a)의 회로에서 다이오드 방향을 바꾸고 (나)를 반복하여 파형을 그림6.12(b)에 그리시오.

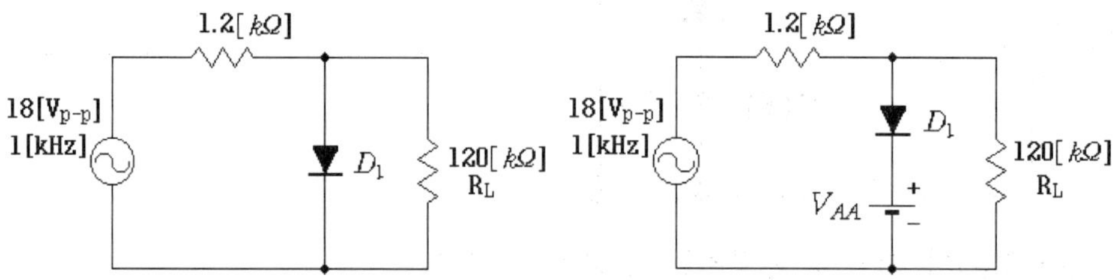

(a) 정(+)의 리미터

(b) 바이어스된 정(+)의 리미터

그림6.10 리미터 실험회로

(라) 그림 6.10(b)와 같이 직류전압을 접속하여 구성하고, 부하저항 양단에 걸리는 파형을 관찰하여 측정된 파형을 그림 6.12(c)에 그리시오.

(마) 그림 6.11의 결합 리미터 회로를 구성하고, 부하저항 양단에서 출력파형을 관찰하여 측정된 파형을 그림 6.12(d)에 그리시오.

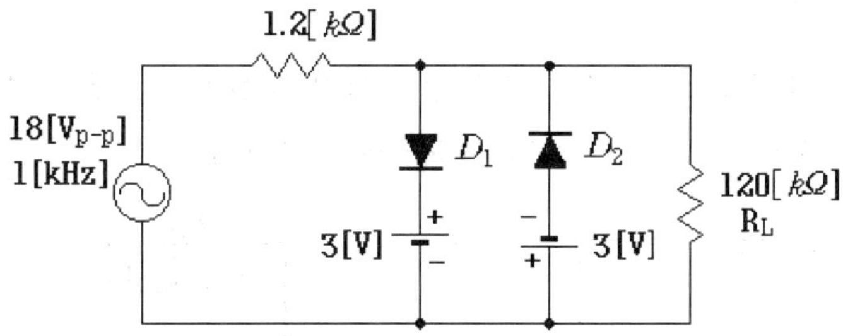

그림6.11 결합 리미터회로

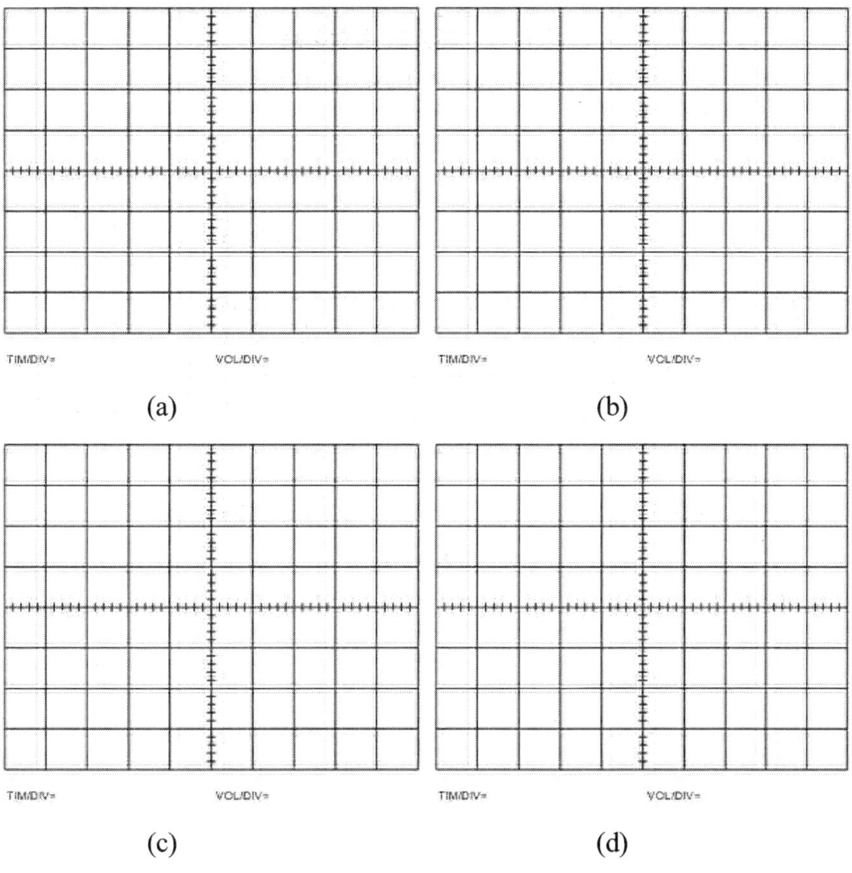

그림6.12

실험 3 클램프회로

(가) 그림6.13의 회로를 구성하고 그림에 주어진 정현파 신호를 펑션제너레이터로 공급하여 출력파형을 그림6.14 그래프에 그리시오.

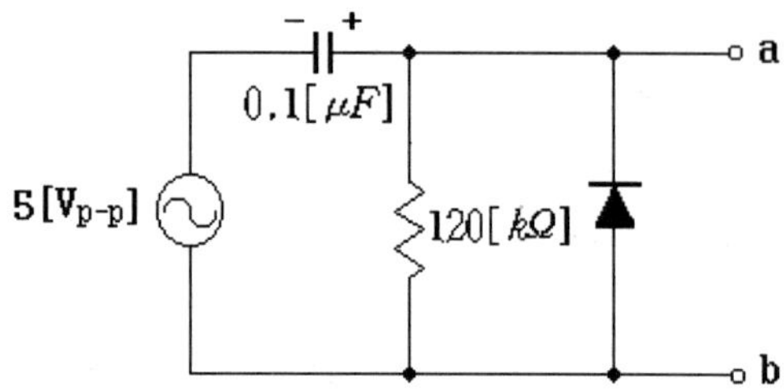

그림6.13 클램프 실험회로

(R=120kΩ, D=1N4001, C=0.1uF)

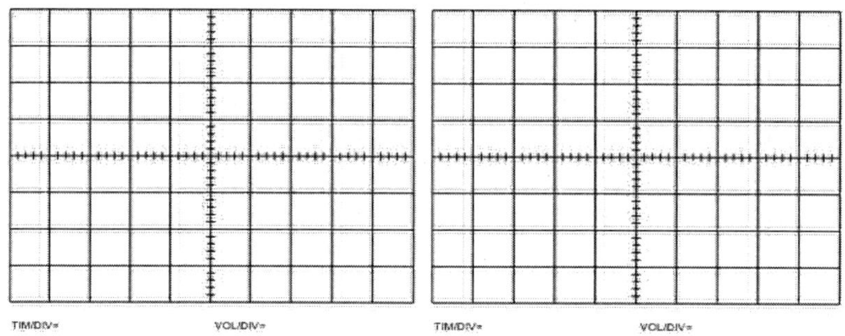

(a) (b)

그림6.14

실 험 보 고 서

실험제목			실험일자	
학년	반	학번	실험조	성명

실험 1

(a)

(b)

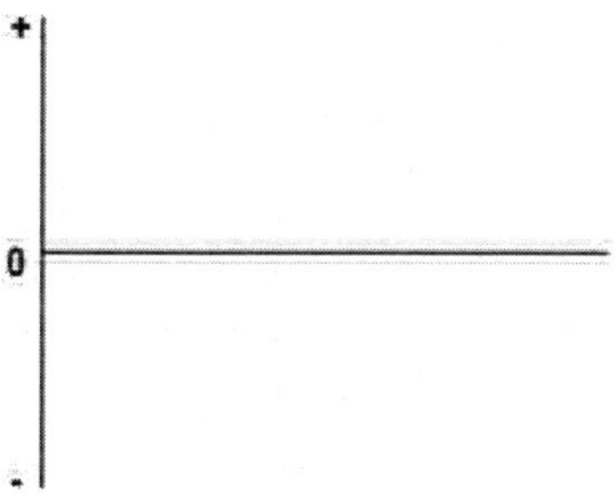

(c)

(d)

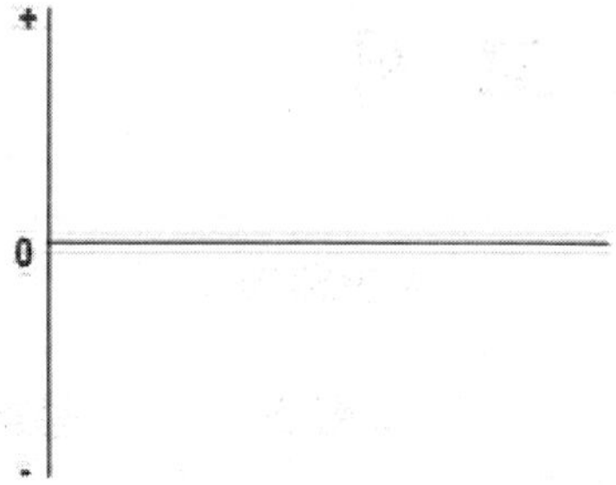
+
0
-

(e)

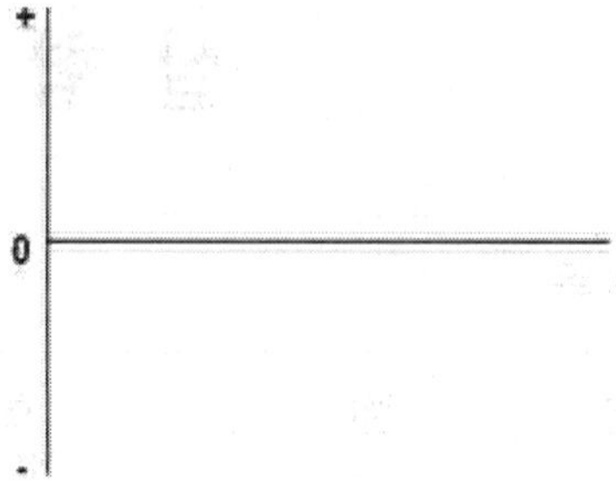
+
0
-

(f)

실험 2

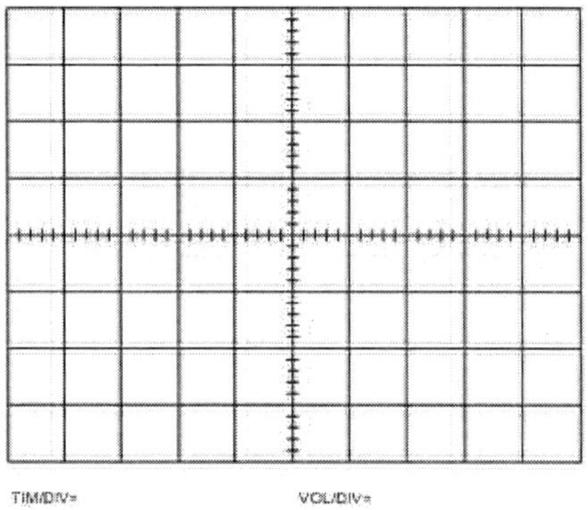
TIM/DIV=
VOL/DIV=

(a)

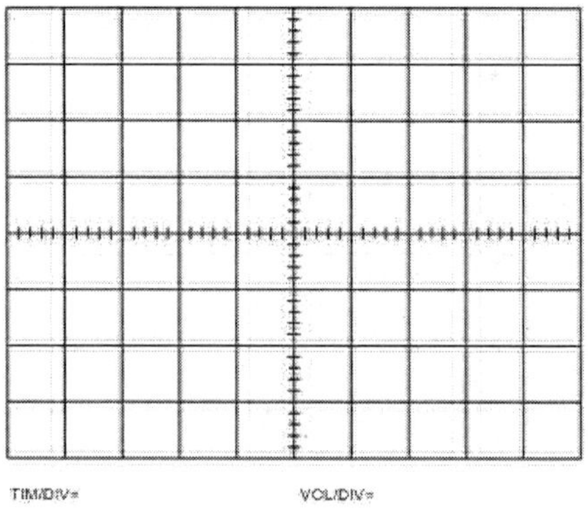
TIM/DIV=
VOL/DIV=

(b)

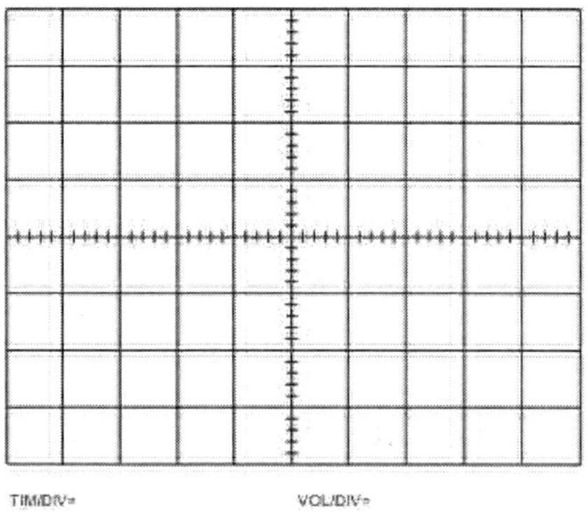
TIM/DIV=
VOL/DIV=

(c)

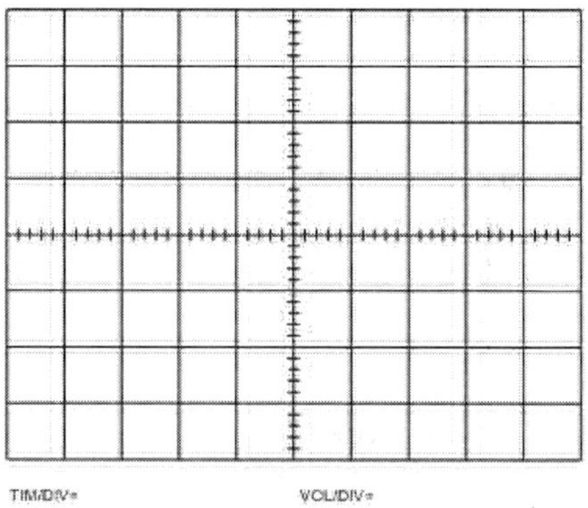
TIM/DIV=
VOL/DIV=

(d)

실험 2

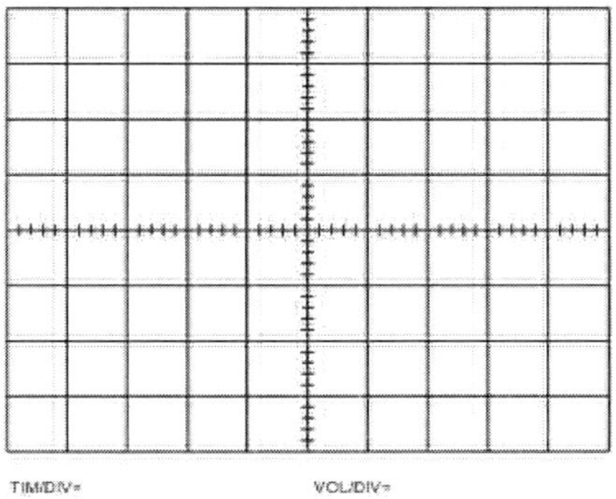

(a)

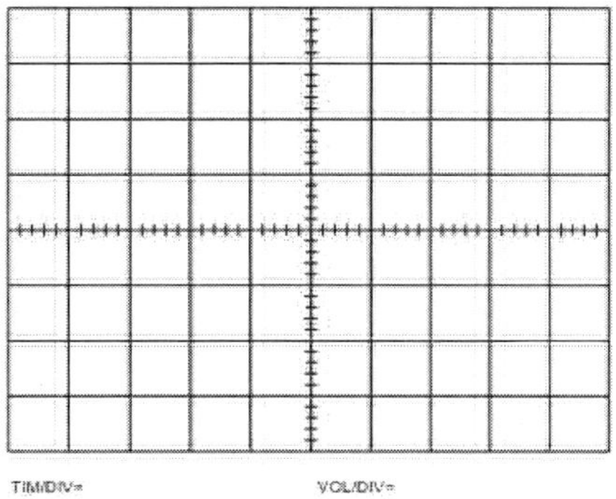

(b)

실험 7 트랜지스터

<table>
<tr><td>실습목적</td><td colspan="3">트랜지스터의 특성을 이해하고 실험을 통하여 확인한다.
트랜지스터의 용도와 사용법을 학습한다.</td></tr>
<tr><td rowspan="6">실습준비물</td><td>계측기</td><td colspan="2">• 디지털 멀티미터
• 가변직류전원
• 함수발생기
• 오실로스코프</td><td>1대
1대
1대
1대</td></tr>
<tr><td rowspan="5">부 품</td><td>• 브레드보드</td><td></td><td>1개</td></tr>
<tr><td>• 트랜지스터</td><td>2SC3198, 2SA1015</td><td>각1개</td></tr>
<tr><td>• 저항</td><td>330Ω, 3.3kΩ, 10kΩ</td><td>각1개</td></tr>
<tr><td>• 캐패시턴스</td><td></td><td>1개</td></tr>
<tr><td>• 발광다이오드</td><td>LED</td><td>1개</td></tr>
</table>

I 이론

7.1 트랜지스터(Transistor)

트랜지스터는 PN접합의 3층 구조로 이루어져 있으며, 캐리어(carrier)의 종류에 따라 바이폴라(bipolar) 트랜지스터와 유니폴라(unipolar) 트랜지스터로 구분할 수 있다. 바이폴라 트랜지스터는 캐리어로 전자와 정공을 모두 사용하는 쌍극성 트랜지스터이며, 유니폴라 트랜지스터는 극성(P채널, N채널)에 따라 전자나 정공 중 하나만을 캐리어로 사용하는 단극성의 트랜지스터로 대표적인 것으로는 전계효과 트랜지스터(FET : field effect transistor)가 있다.

7.1.1 바이폴라 접합 트랜지스터 (bipolar junction transistor, BJT)

바이폴라 접합 트랜지스터는 그림7.1에서와 같이 이미터 (emitter), 베이스 (base) 및 컬렉터 (collector)의 세 종류의 도핑된 반도체 영역으로 구성되어 있으며, 이 세 영역은 두 개의 pn접합으로 분리되어 있다. 바이폴라 접합 트랜지스터는 그림 7.1에서와 같이 npn 및 pnp의 두 가지 종류가 있으며 이중 npn이 널리 사용되고 있다.

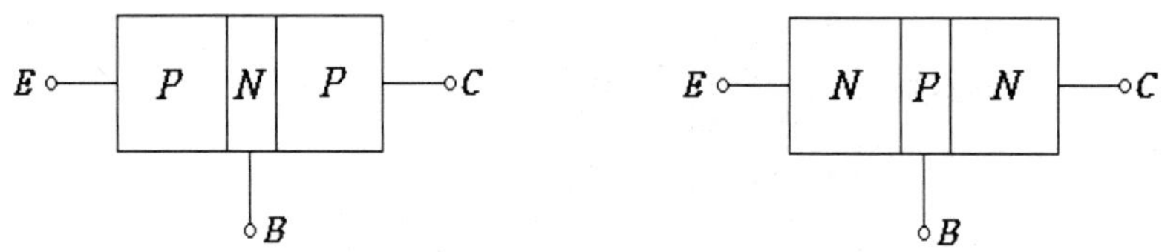

(a) PNP형의 접합구조 (b) NPN형의 접합구조

그림7.1 BJT 구조

BJT의 회로기호는 그림7.2에서와 같은 기호를 사용하며 이미터에 화살표를 그려서 컬렉터와 구분하여 사용하며, npn트랜지스터는 화살표가 이미터 쪽으로 나가고, pnp트랜지스터는 화살표가 이미터로부터 들어온다. 그리고 BJT의 외관은 그림7.3에서와 같은 다양한 모양을 가지며 트랜지스터가 취급할 수 있는 전력이나 주파수 등에 따라 그 모양이 각각 다르다.

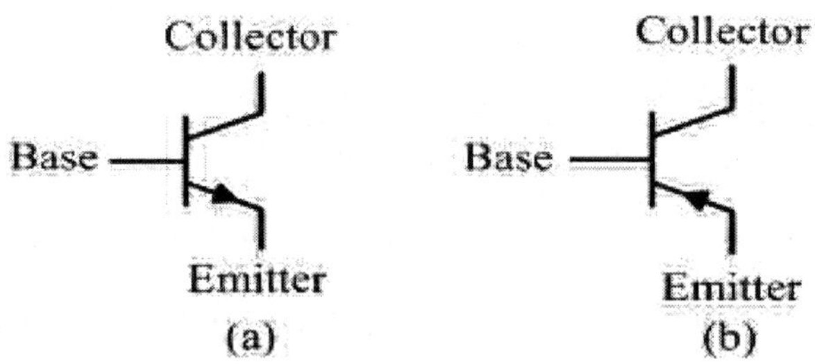

(a) npn 트랜지스터 (b) pnp트랜지스터

그림7.2 BJT의 기호

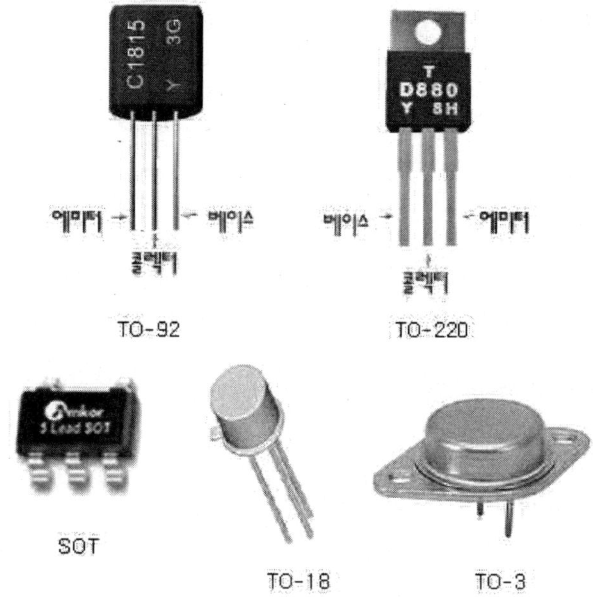

그림7.3 여러 가지 트랜지스터의 외관

7.1.2 트랜지스터의 종류와 구분

트랜지스터에는 용도에 따라 저주파용, 고주파용, 스위칭용, 전력증폭용 등 여러 가지로 나눌 수 있다. 일반적으로 트랜지스터의 이름은 미국식 방법과 일본식 방법 등이 있으며, 다음에서와 같다.

(가) 트랜지스터의 이름 (일본식 방법)

2SC3202Y

- 2: 접합부가 두 개임을 나타낸다.
- S: 반도체를 나타낸다.
- C : 종류 및 용도를 표시한다.
- A : PNP 고주파용
- B :PNP 저주파용
- C: NPN 고주파용
- D : NPN 저주파용
- J : P 채널 FET

- K : N 채널 FET
- F : SCR (P gate)
- G : SCR (N gate)
- M :triac
- N : UJT
- 3202 : 등록순서를 나타낸다.
- Y : 개량순서를 나타낸다. (전류 증폭도 등이 다르다.)

(나) 트랜지스터의 이름 (미국식 방법)

2N2222A

- 2: 접합부가 2개임을 나타낸다.
- N : 반도체를 나타낸다.
- 2222: 등록 순서를 나타낸다.
- A :개량 순서를 나타낸다.

미국식 이름에서는 이름만으로는 트랜지스터의 용도 등을 알 수 가 없으므로 사용 시 주의를 요한다.

7.2 트랜지스터의 역할 및 기본동작

트랜지스터는 회로 내에서의 전파나 음성신호 같은 아날로그(교류) 신호를 증폭(Amplification)시키는 일과 컴퓨터와 같은 디지털 회로에서 0과 1의 디지털 신호를 변환시키는 스위칭(Switching) 역할을 한다.

트랜지스터가 증폭기로서 동작하기 위해서는 그림7.4의 회로와 같이 베이스-이미터 접합은 순방향 바이어스 되어야 하고, 베이스-컬렉터 접합은 역방향으로 바이어스 되어야 한다.

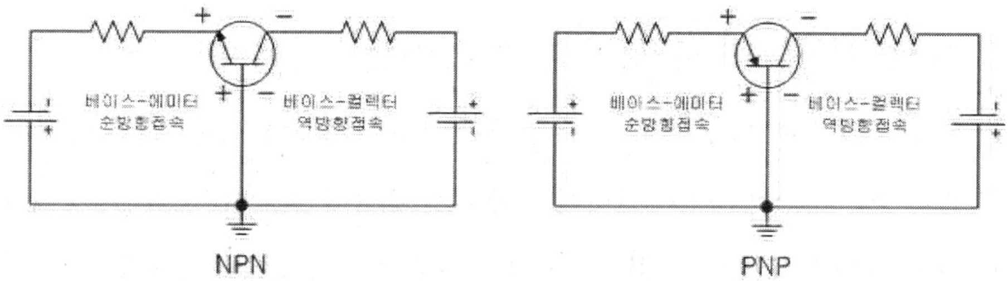

그림7.4 BJT의 순방향-역방향 접속

그림7.4 회로에서 보는 바와 같이 트랜지스터가 증폭기로 동작하기 위해서는 외부의 직류 바이어스 전압을 인가해야 하고, 세 단자 중 하나는 입력과 출력에 공통으로 연결되어야 한다. 공통으로 사용되는 단자에 따라 트랜지스터 회로를 공통 이미터 (common emitter, CE), 공통 베이스 (common base, CB) 및 공통 컬렉터 (common collector, CE)로 나눌 수 있다. 그림7.4 베이스가 입력과 출력에 공통으로 연결되어 있으므로 공통베이스 회로이다.

7.3 기본적인 트랜지스터 동작

그림7.4 트랜지스터에서의 전류의 흐름을 나타낸 것이다. 트랜지스터로 들어오는 전류의 합과 나가는 전류의 합은 같아야 하므로 이미터 전류는 베이스와 컬렉터 전류의 합과 같아야 된다. 트랜지스터의 KCL방정식은 식(7.1과 같다.

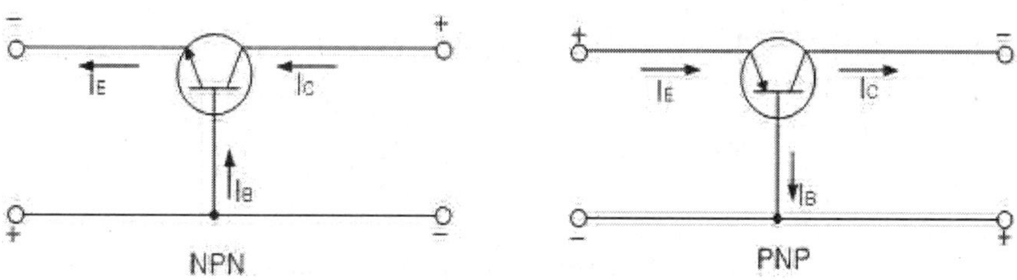

그림7.5 트랜지스터의 전류 흐름

$$I_E = I_C + I_B \qquad (7.1)$$

7.3.1트랜지스터의 특성과 파라미터

직류 전류이득(β)는 공통 이미터 전류 증폭도를 나타내며, 보통 100에서 300 사이의 값을 갖는다. 베이스 폭이 작고 이미터가 베이스 보다 도핑 농도가 크면 β 가 큰 값을 가지게 된다. 그림7.5 트랜지스터의 직류바이어스의 특성을 나타낸 회로도이다.

$$\beta = \frac{I_C}{I_B} = h_{FE} \tag{7.2}$$

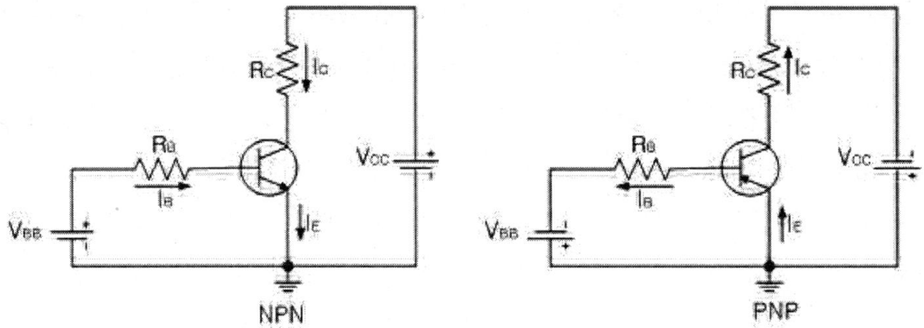

그림7.5 트랜지스터의 직류바이어스

여기서 α는 공통 베이스 전류 이득으로써 약 0.99에 1정도의 크기를 갖는다.

$$\alpha = \frac{I_C}{I_E} \tag{7.3}$$

$$i_E = i_C + i_B = \frac{\beta+1}{\beta} i_C \equiv \frac{i_C}{\alpha} \tag{7.4}$$

그림20.6은 트랜지스터의 전류와 전압 관계를 나타낸다.

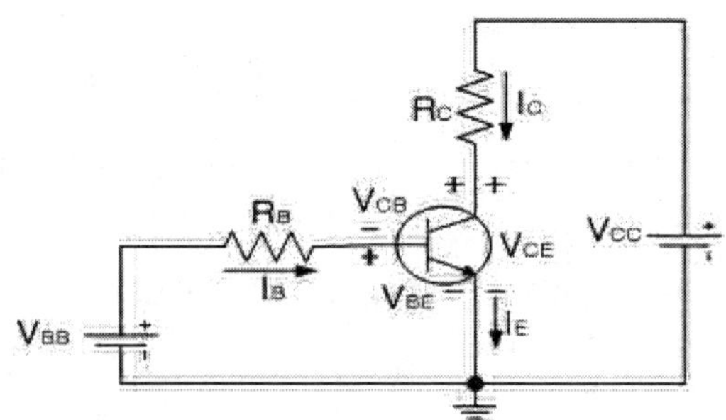

그림7.6 트랜지스터의 전류와 전압

그림7.6 서 V_{BE}는 이미터에 대한 베이스에서의 직류전압($\cong 0.7\,V$)이고, V_{CB}는 베이스에 대한 컬렉터에서의 직류전압이며, V_{CE}는 이미터에 대한 컬렉터에서의 직류전압을 나타낸다. 그림7.6서 베이스전류 I_B는

$$V_{BB} + R_B I_B + V_{BE} = 0,\quad I_B = \frac{V_{BB} - V_{BE}}{R_B} \tag{7.5}$$

이미터에 대한 컬렉터 전압 V_{CE}는

$$V_{CE} = V_{CC} - I_C R_C \tag{7.6}$$

$I_C = \beta I_B$ 로부터

$$V_{CE} = V_{CC} - \beta I_B R_C \tag{7.7}$$

베이스에 대한 컬렉터전압 V_{CB}는

$$V_{CB} = V_{CE} - V_{BE} \tag{7.8}$$

그림7.7에 I_B값에서 V_{CE}에 대한 I_C값의 변화에 대한 그라프를 나타낸다.

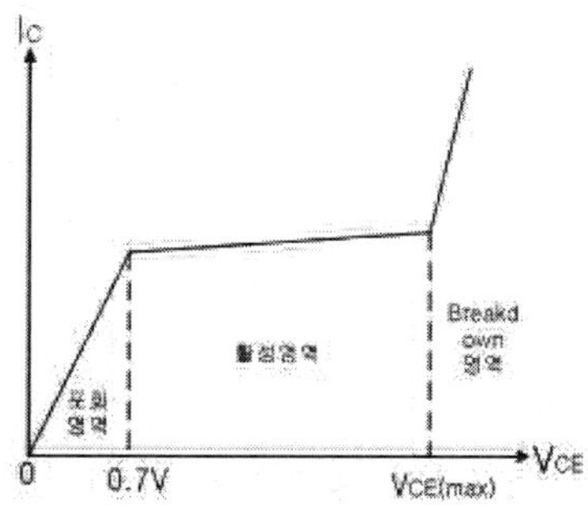

(a)I_B값에서 V_{CE}에 대한 I_C값의변화

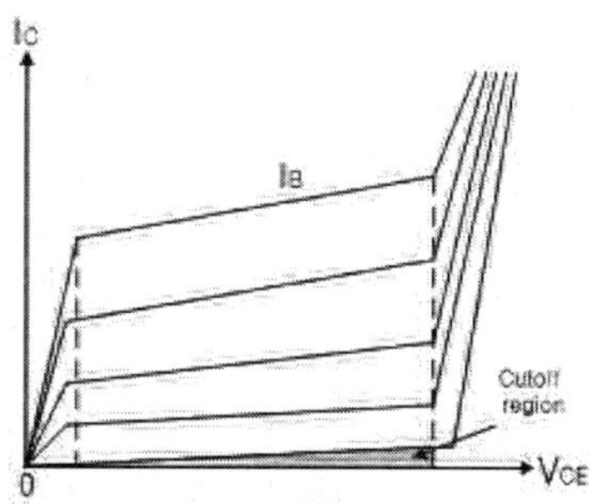

(b)여러 I_B값에서 V_{CE}에 대한 I_C값의변화

그림7.7 트랜지스터 컬렉터 특성곡선

그림7.7a)에서 포화(saturation)영역은 $V_{BE} = 0.7\,V,\ V_{CE} \le 0.7\,V$로 베이스-이미터 순방향, 베이스-컬렉터 순방향 영역이다. 이때 V_{CE}를 증가시키면 I_C 도 따라서 증가한다.

이는 I_B를 증가시키면 $I_C(=\beta I_B)$도 증가하다. I_B를 계속 증가시키면 V_{CE}는 계속 감소하여 $V_{CE} < 0.7V$로 되면 베이스-컬렉터는 순방향이 된다. 이때 $I_C = \beta I_B$는 성립하지 않는다. 즉 이 영역에서는 I_B를 계속 증가시켜도 I_C 는 증가하지 않는다. 즉 I_B에 대해서 I_C 가 포화된 상태이다. 활성(active)영역은 $V_{BE} = 0.7V,\ V_{CE} > 0.7V$으로 베이스-이미터 순방향, 베이스-컬렉터 역방향 영역이다. V_{CE}를 증가시켜도 I_C 는 거의 일정하다. 항복(breakdown)영역은 $V_{BE} = 0.7V,\ V_{CE} = very\ \ high\ \ voltage$가 되어 컬렉터전류가 급격히 증가하여 트랜지스터가 파괴되는 영역이다.

그림7.7b)에서 차단(cutoff)영역은 $I_B = 0$로 실제 트랜지스터는 아주 작은 누설전류만 흐른다. 이때 베이스-이미터 역방향, 베이스-컬렉터 역방향 영역이다. 트랜지스터를 사용할 때 고려해야 할 특성과 파라미터는 컬렉터-베이스 전압, 이미터-베이스 전압, 컬렉터 전류, 소비전력이다. 트랜지스터의 최대소비 전력은 $P_{D(max)}\ <\ V_{CE} \times I_C$이다.

7.3.2전압분배 바이어스와 증폭기의 신호동작

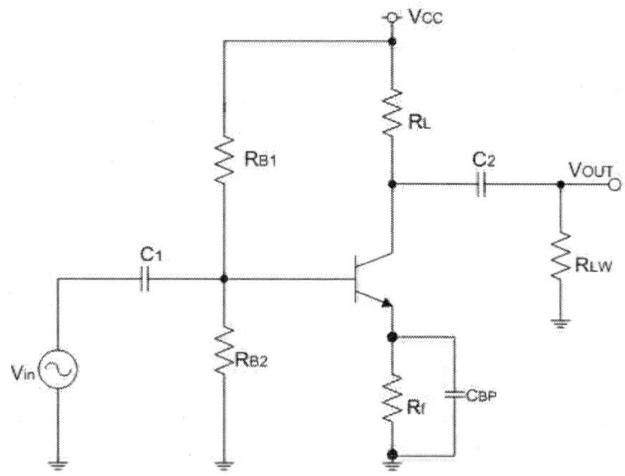

그림7.8 트랜지스터의 전압분배 바이어스와 증폭작용

(가) DC 전압 파라미터 계산

① V_{RB2} 는 식7.8 같이 구한다.

$$V_{RB2} = V_{CC}\left(\frac{R_{B2}}{R_{B1}+R_{B2}}\right) \tag{7.8}$$

② V_{Rf}는 식7.9 같이 구한다.

$$V_{Rf} = V_{RB2} - 0.7\,V \qquad (7.9)$$

③ 동작점(Q점)에서의 전류

I_B=0일때 트랜지스터는 차단되었다고 한다. 이 조건하에서 매우 적은 양의 컬렉터 누설전류(ICEO)가 흐르는데 이는 주로 열에 의해 생긴 캐리어에 의한 것이다. 차단 영역에서는 베이스-에미터 접합과 베이스-컬렉터 접합 모두 역방향으로 바이어스 된다. 포화(saturation) 조건은 베이스 전류가 증가하면 컬렉터 전류는 따라서 증가하게 되고 RC에서 좀 더 많은 전압강하가 생기므로 V_{CE}는 감소한다. V_{CE}가 V_{CE}(SAT)라고 부르는 값에 도달하면 베이스-컬렉터 접합은 순방향으로 바이어스 되고 IB가 계속 증가하더라도 더 이상 증가하지 않는다. 포화점에서는 $I_C=\beta_{DC}I_B$라는 관계가 더 이상 성립하지 않는다.

트랜지스터의 컬렉터 곡선상의 차단점과 포화점을 잇는 직선을 부하선이라 한다. 한번 결정되면 트랜지스터는 이 직선을 따라 동작한다. 따라서 I_C의 어느 값에 해당하는 V_{CE}는 이 직선상에 있다. 부하선은 컬렉터 회로저항과 V_{CC}에 의해서 결정되며 트랜지스터 자체에 의해서 결정되는 것은 아니다.

베이스 전류(I_B)는 베이스 바이어스에 의해 형성된다. 베이스 전류 곡선이 부하선과 만나는 점이 동작점 또는 Q점이라 한다.

$$QI_C = \frac{V_{Rf}}{R_f}$$

④ 접합저항 $R_e^{'}$ 는 다음과 같다.

$$R_e^{'} = \frac{25}{QI_C}$$

⑤ 부하전압의 전압강하는 다음과 같다.

$$V_{RL} = QI_C \times R_L$$

⑥ 부하 임피던스는 다음과 같이 구한다.

$$R_{L_{ac}} = \frac{R_L \times R_{LW}}{R_L + R_{LW}}$$

⑦ 베이스 바이어스에서의 V_{CE}는 다음과 같이 구한다.

$$V_{CE} = V_{CC} - (V_{RL} + V_{Rf})$$

⑧ 에미터 바이어스에서의 V_{CE}는 다음과 같이 구한다.

$$V_{CE} = V_{CC} - V_{RL}$$

(나) 신호 파라미터 계산

① 베이스 저항 R_B는 다음과 같이 구할 수 있다.

$$R_B = \frac{R_{B1} \times R_{B2}}{R_{B1} + R_{B2}}$$

② 트랜지스터의 입력저항 R은 R_f에 캐패시터(CBP)가 연결되어 있을 경우 $R_{IN} = \beta R_e'$ 가 되고 연결되어 있지 않은 경우는 $R_{IN} = \beta R_f$ 로 구한다.

③ 입력 임피던스 Z는 다음과 같이 구해진다.

$$Z_{IN} = \frac{R_B \times R_{IN}}{R_B + R_{IN}}$$

④ 신호의 출력전압 $V_{O_{P-P}}$는 다음과 같다.

$$V_{O_{P-P}} = 2QI_C R_{Lac}, \quad \therefore R_{Lac} = R_{LW} \| R_L$$

⑤ 전압이득은 CBP가 연결되어 있을 경우

$$A_V = \frac{R_{Lac}}{R_e'} \text{ 가 되고}$$

CBP가 연결되어 있지 않은 경우

$$A_V = \frac{R_{Lac}}{R_f} \text{ 가 된다.}$$

7.4 스위치로서의 트랜지스터

그림7.9 NPN 트랜지스터의 스위칭 작동을 나타낸다. 트랜지스터가 전자 스위치로 사용할 때 트랜지스터는 포화(ON)와 차단(OFF) 영역을 반복적으로 동작한다. 그림7.10 PNP트랜지스터의 스위칭 작동을 나타낸다.

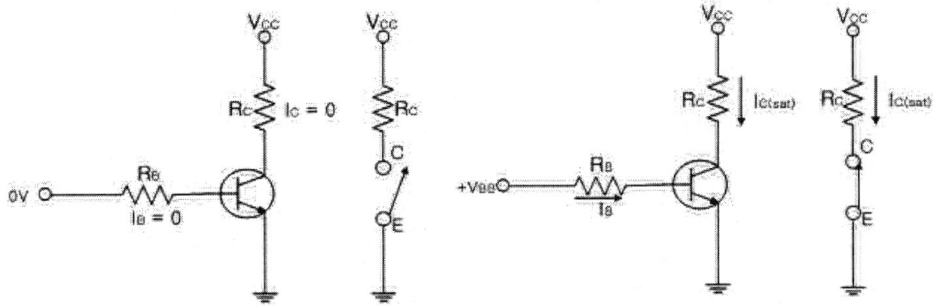

(a) $V_{CE(cutoff)} = V_{CC}$ (b) $I_{C(sat)} = \dfrac{V_{CC} - V_{CE(sat)}}{R_C}$

$$I_{B(min)} = \frac{I_{C(sat)}}{\beta}$$

그림7.9 NPN 트랜지스터의 스위칭동작

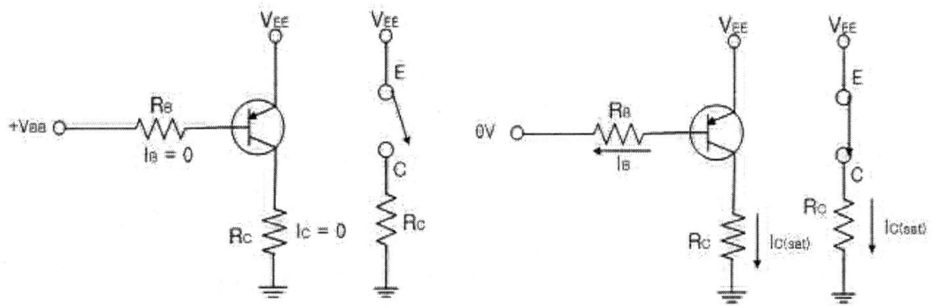

그림7.10 PNP트랜지스터의 스위칭동작

Ⅱ 실험

실험 1

(가) 그림7.11회로를 구성하시오.

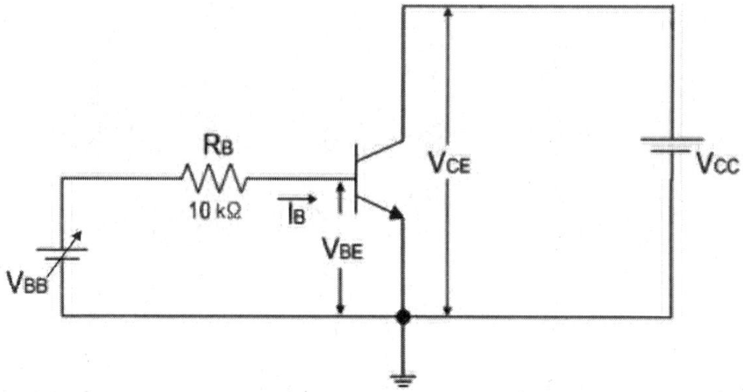

그림 7.12 (NPN 트랜지스터 2SC3198)

(나) V_{CE}를 1 V_{CC}에 맞추고 I_B를 $5\mu A \sim 50\mu A$까지 $5\mu A$ 단계로 증가시키면서 V_{BE}를 측정한 후 표7.1 기록하고. 표7.1 결과값을 그림7.12그래프에 그리시오.

표7.1

V_{CE}= 1V										
$I_B[\mu A]$	5	10	15	20	25	30	35	40	45	50
$V_{BE}[V]$										

(다) V_{CE}를 4 V_{CC}에 맞추고 I_B를 $5\mu A \sim 50\mu A$까지 $5\mu A$ 단계로 증가시키면서 V_{BE}를 측정한 후 표7.2 기록하고. 표7.2 결과값을 그림7.2 그래프에 그리시오.

표7.2

V_{CE}= 4V										
$I_B[\mu A]$	5	10	15	20	25	30	35	40	45	50
$V_{BE}[V]$										

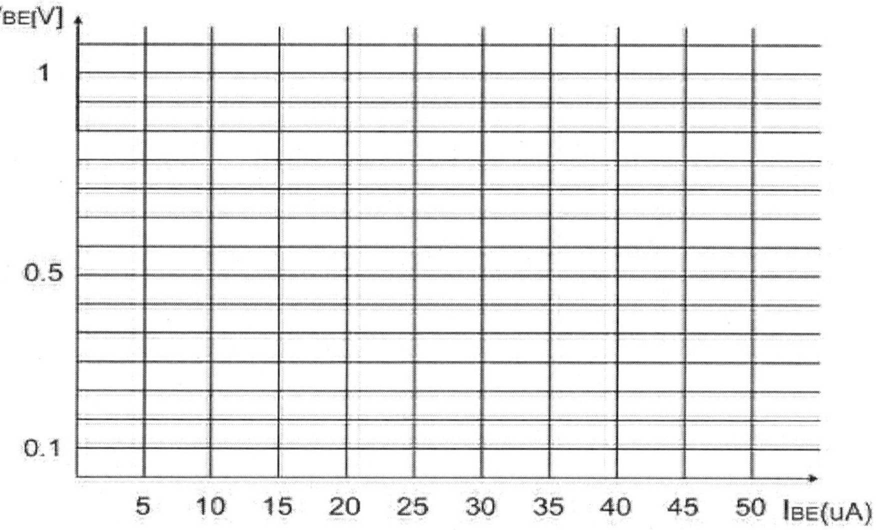

그림7.12

실험 2

(가) 실험 1의 회로를 이용하여 다음 실험을 하시오.

(나) I_B를 $20\mu A$에 맞추고 V_{CE}를 $0 \sim 2\,V$까지 $0.2\,V$ 단계로 증가시키고, 그 다음 $2 \sim 10\,V$까지는 2V 단계로 증가시키면서 I_C를 측정한 후 표7.4 기록하고. 표7.3 결과값을 그림7.13그래프에 그리시오.

표7.3

I_B= 20uA										
$C_{CE}[V]$	0.2	0.4	0.6	0.8	1.0	1.2	1.4	1.6	1.8	2.0
$I_C[mA]$										
$C_{CE}[V]$	4	6	8	10						
$I_C[mA]$										

(다) I_B를 $40\mu A$에 맞추고 V_{CE}를 $0 \sim 2\,V$까지 $0.2\,V$ 단계로 증가시키고, 그 다음 $2 \sim 10\,V$까지는 2V 단계로 증가시키면서 I_C를 측정한 후 표7.4 기록하 고, 표7.4 결과값을 그림7.13그래프에 그리시오.

표7.4

I_B= 20uA										
$C_{CE}[V]$	0.2	0.4	0.6	0.8	1.0	1.2	1.4	1.6	1.8	2.0
$I_C[mA]$										
$C_{CE}[V]$	4	6	8	10						
$I_C[mA]$										

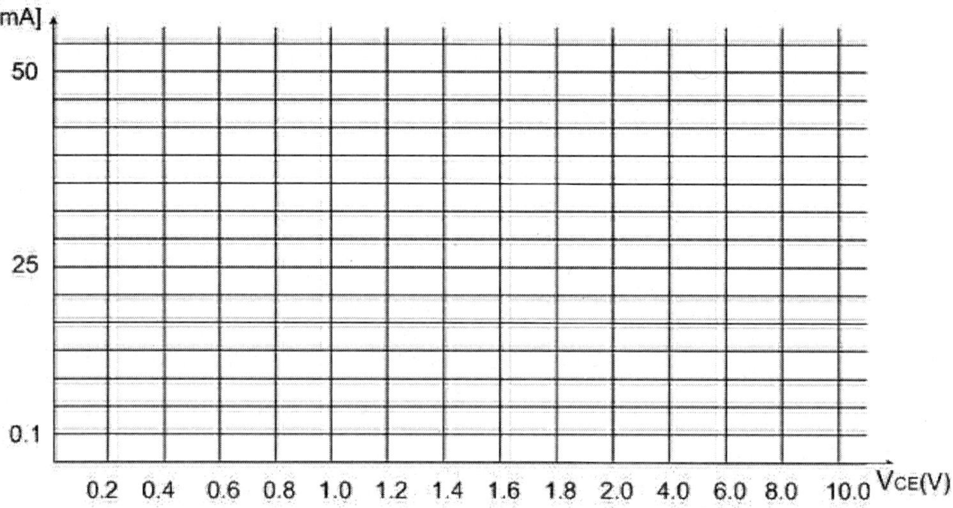

그림7.13

실험 3

(가) 그림7.14 회로를 구성하시오. ($V_{CC} = 9V,\ R_B = 3.3k\Omega,\ R_C = 330\Omega$)

(나) 사용된 트랜지스터의 V_{CE} 와 β값을 조사하여 기록하시오.

V_{CE} = ______________ $[V]$, β = ______________

(다) 포화(saturation)에 필요한 최소의 베이스전류를 계산하시오.

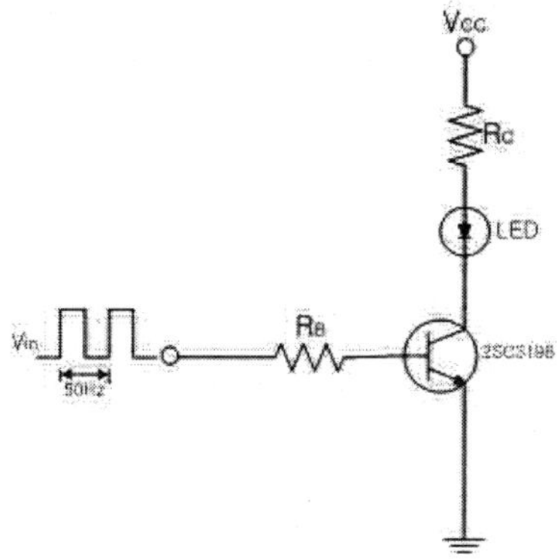

그림7.14 트랜지스터 스위치작용 회로

$I_{C(sat)}$ = ______________ $[mA]$ $I_{B(min)}$ = ______________ $[\mu A]$

(라) 회로의 베이스전류 I_B는 얼마인지 계산하시오. 이때 확실히 트랜지스터를 포화시키기 위해서 베이스전류 최소값의 2배값을 사용한다.

$I_B = \frac{V_{R_B}}{R_B} = \frac{V_{in} - V_{BE}}{R_B} =$ ______________ $[mA]$ $V_{in} - V_{BE} = 2I_{B(min)}R_B =$ ______ $[V]$

(마) (나)~(라)에서 구한 결과를 이용하여 2Hz 구형파를 입력한 후 회로의 동작을 관찰하고, LED의 애노드 측과 캐소드 측의 파형을 오시로스코프로 측정하여 그림 7.15 그리시오.

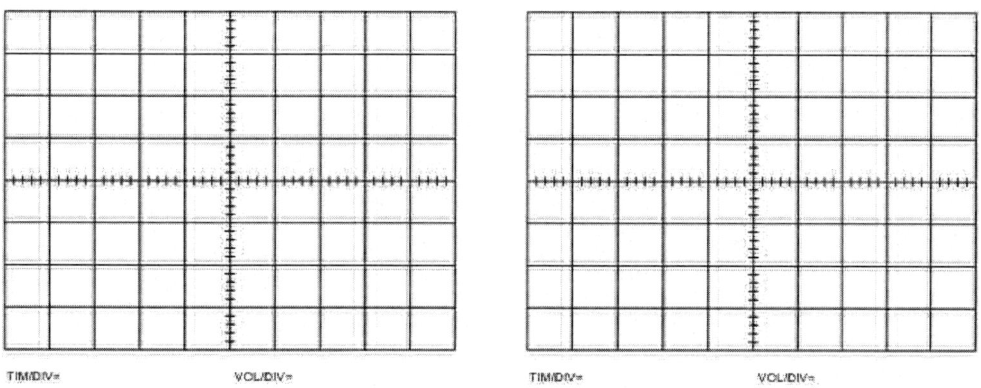

그림7.15

실 험 보 고 서

실험제목			실험일자	
학년	반	학번	실험조	성명

실험 1

V_{CE}= 1V										
$I_B[\mu A]$	5	10	15	20	25	30	35	40	45	50
$V_{BE}[V]$										

V_{CE}= 4V										
$I_B[\mu A]$	5	10	15	20	25	30	35	40	45	50
$V_{BE}[V]$										

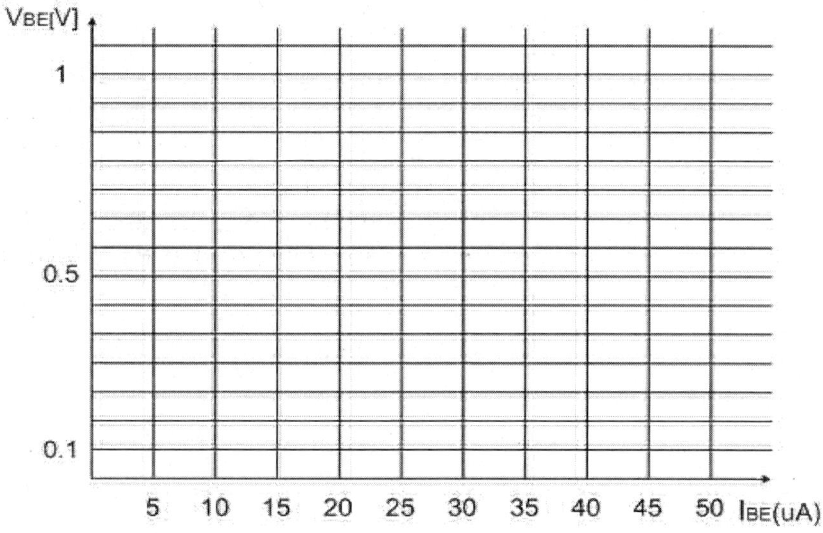

실험 2

I_B= 20uA										
$C_{CE}[V]$	0.2	0.4	0.6	0.8	1.0	1.2	1.4	1.6	1.8	2.0
$I_C[mA]$										
$C_{CE}[V]$	4	6	8	10						
$I_C[mA]$										

I_B= 20uA										
$C_{CE}[V]$	0.2	0.4	0.6	0.8	1.0	1.2	1.4	1.6	1.8	2.0
$I_C[mA]$										
$C_{CE}[V]$	4	6	8	10						
$I_C[mA]$										

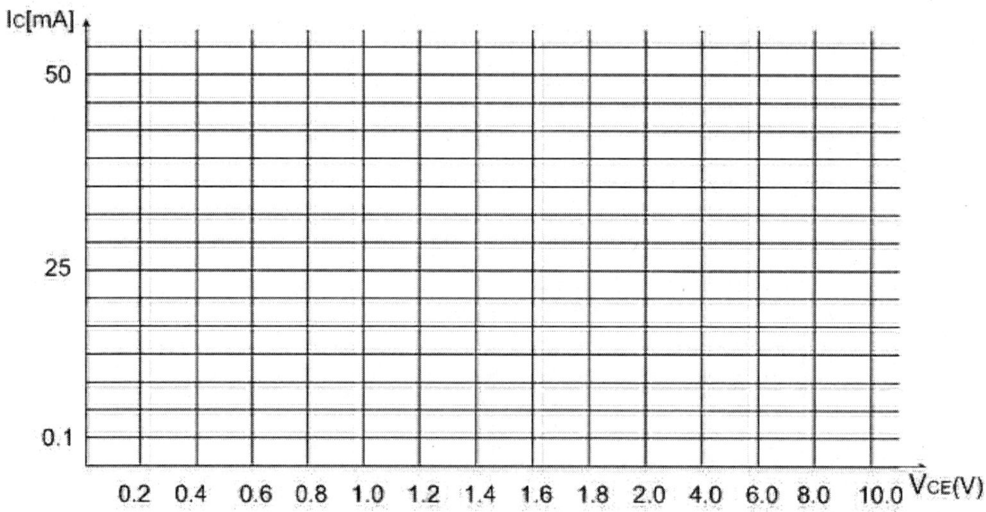

실험 4

$V_{CE} =$ $[V]$, $\beta =$

$I_{C(sat)} =$ $[mA]$

$I_{B(min)} =$ $[\mu A]$

$$I_B = \frac{V_{R_B}}{R_B} = \frac{V_{in} - V_{BE}}{R_B} = \qquad [mA]$$

$$V_{in} - V_{BE} = 2I_{B(min)} R_B = \qquad [V]$$

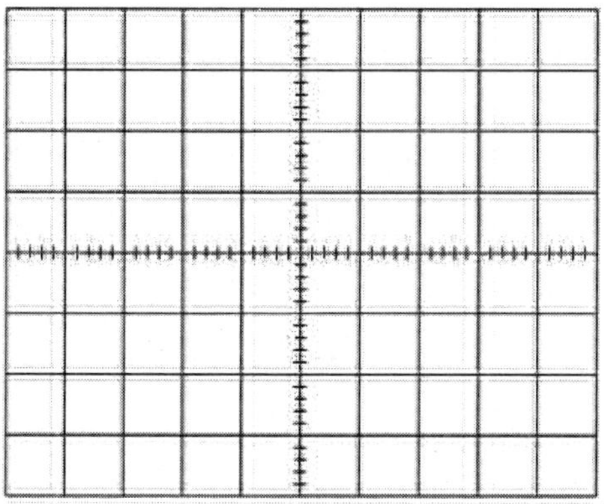

TIM/DIV= VOL/DIV=

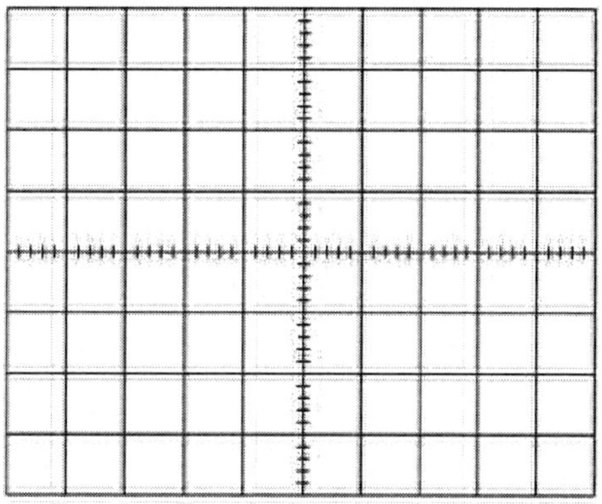

TIM/DIV= VOL/DIV=

실험 8 트랜지스터 증폭기

<table>
<tr><td>실습목적</td><td colspan="4">트랜지스터의 각종 응용회로를 제작하여 그 동작상태를 확인하여 트랜지스터의 용도를 이해한다.</td></tr>
<tr><td rowspan="11">실습준비물</td><td>계측기</td><td colspan="2">• 오실로스코프
• 가변직류전원</td><td>1대
1대</td></tr>
<tr><td rowspan="10">부 품</td><td>• 브레드보드</td><td></td><td>1개</td></tr>
<tr><td>• 저항</td><td>220Ω, 470Ω, 680Ω, 2.2kΩ, 4.7kΩ, 10kΩ, 47kΩ, 100kΩ</td><td></td></tr>
<tr><td>• 트랜지스터</td><td>2SC3198, 2SA1015
kTD1413, kTB1423</td><td>각2개</td></tr>
<tr><td>• 캐패시터</td><td>22uF</td><td>2개</td></tr>
<tr><td>• 릴레이</td><td>DC6V SPST</td><td>1개</td></tr>
<tr><td>• LED</td><td>적색</td><td>2개</td></tr>
<tr><td>• 모터</td><td>DC 1A용</td><td>1개</td></tr>
<tr><td>• 스위치</td><td></td><td>2개</td></tr>
<tr><td>• 다이오드</td><td>IN4001</td><td>3개</td></tr>
</table>

Ⅱ 실험

실험 1

(가) 그림8.1A)의 회로를 브레드보드에 구성하시오.

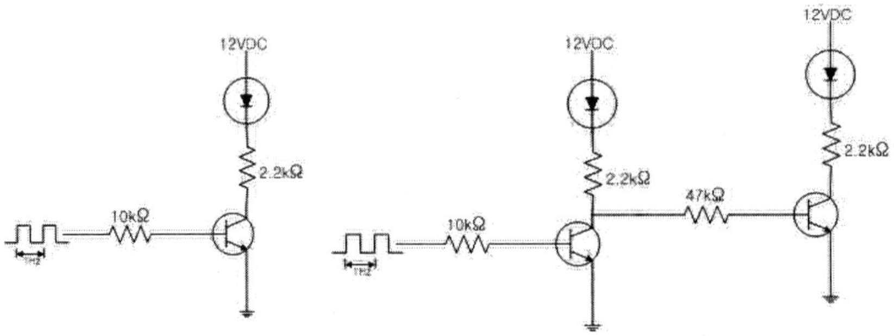

(a) 1개의 트랜지스터　　　　　(b) 2개의 트랜지스터

그림8.1 LED 구동회로

(나) 트랜지스터의 베이스에 1Hz의 구형파를 입력하였을 때 LED의 동작 상태를 확인하고, 설명하시오.

(다) 그림8.1b)의 회로를 브레드보드에 구성하시오.

(라) 트랜지스터의 베이스에 1Hz의 구형파를 입력하였을 때 LED의 동작 상태를 확인하고, 설명하시오.

실험 2

(가) 그림8.2 회로를 구성하시오.

(나) 트랜지스터 베이스의 스위치를 ON/OFF하였을 때 릴레이의 동작 상태를 확인하고, 설명하시오.

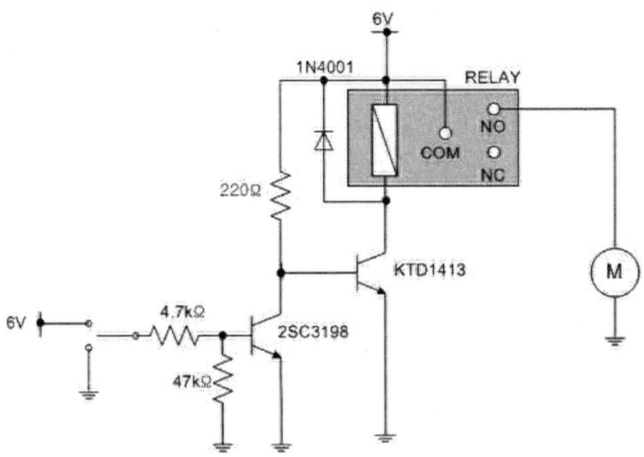

그림8.2 릴레이 구동회로

실험 3

(가) 그림8.3 회로를 구성하시오.

(나) 트랜지스터 베이스의 스위치 동작에 따른 출력 전압값을 측정한 후, 회로의 동작을 설명하시오.

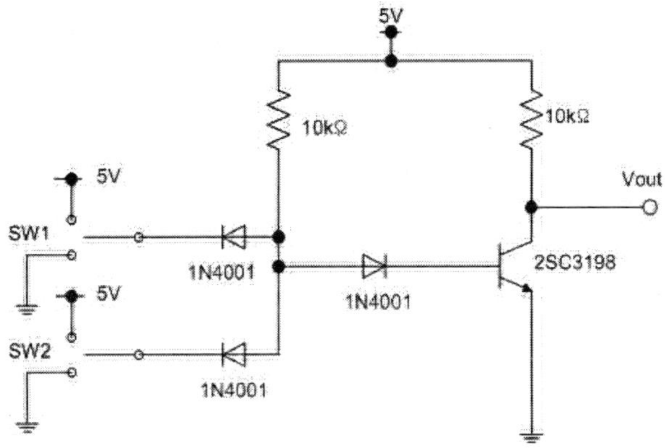

그림8.3 실험회로

실험 4

(가) 그림8.4 회로를 구성하시오.

(나) 트랜지스터 베이스의 스위치 동작에 따른 출력 전압값을 측정한 후, 회로의 동작을 설명하시오.

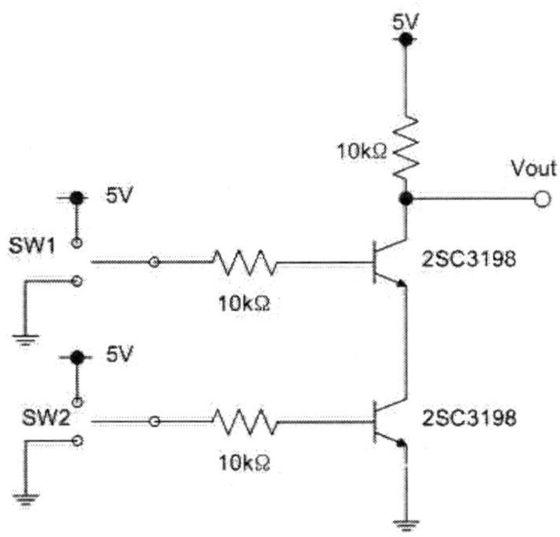

그림8.4 실험회로

실험 5

(가) 그림8.5 회로를 구성하시오.

(나) 회로의 동작을 설명하시오.

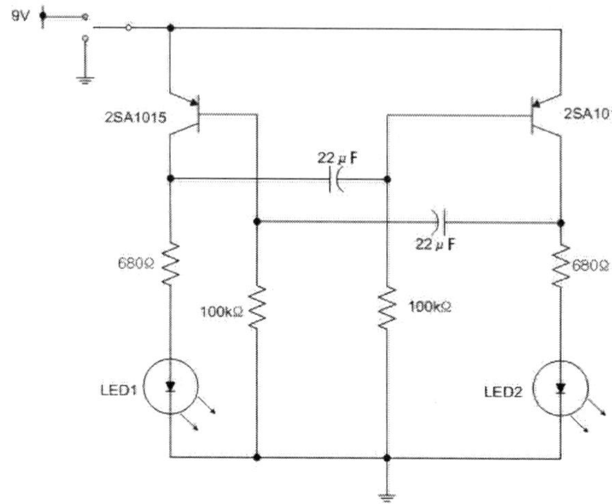

그림8.5 실험회로

실험 6

(가) 그림8.6a)와 그림8.6b)의 회로를 구성하시오.

(나) 두 회로의 동작을 비교 설명하시오.

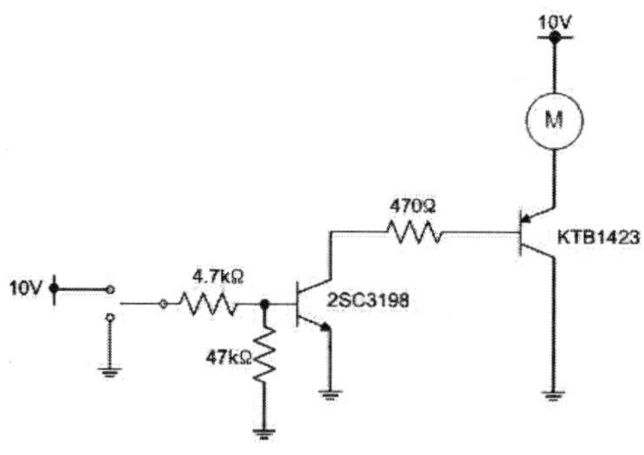

(a)

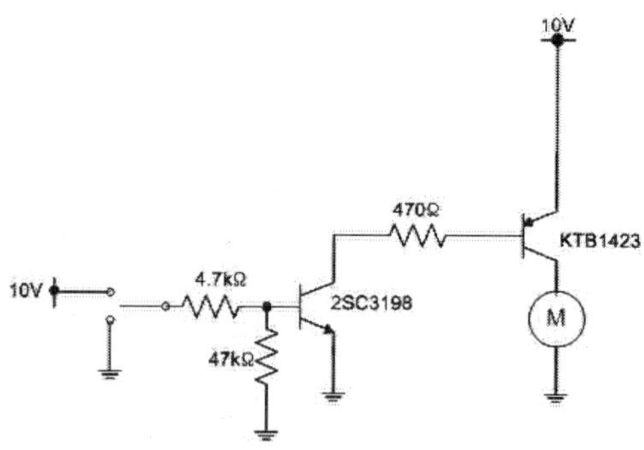

(b)

그림8.6 실험회로

실험 7

(가) 그림8.7a)와 그림8.7b)의 회로를 구성하시오.

(나) 두 회로의 동작을 비교 설명하시오.

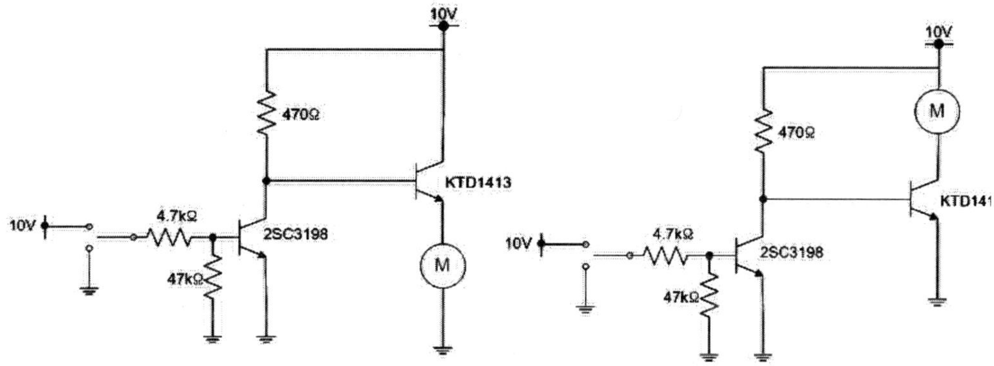

(a) (b)

그림8.7 실험회로

실험 8

(가) 그림8.8 회로를 구성하시오.

(나) 회로의 동작을 설명하시오.

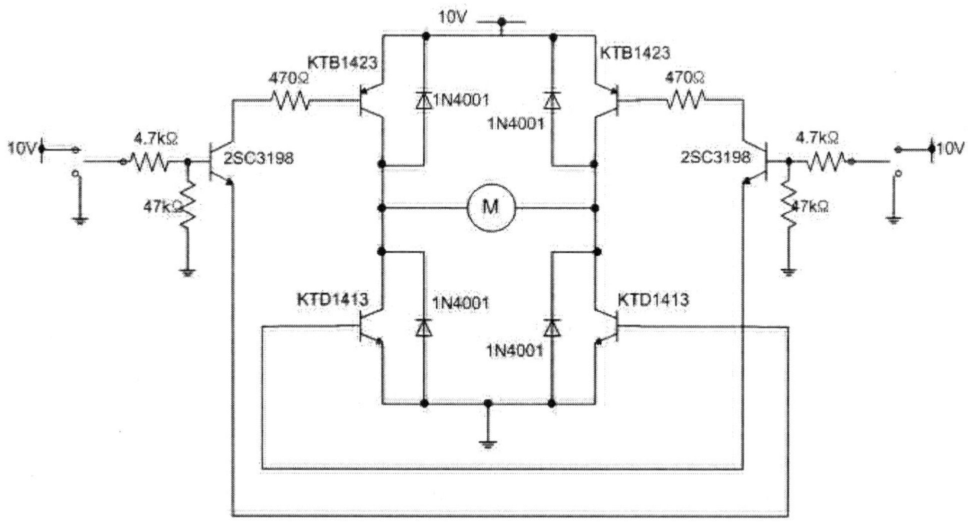

그림8.8 실험회로

실 험 보 고 서

실험제목			실험일자	
학년	반	학번	실험조	성명

실험 1

회로의 동작 설명

____

____

____

실험 2

회로의 동작 설명

____

____

____

실험 3

회로의 동작 설명

____

____

____

실험 4

회로의 동작 설명

실험 5

회로의 동작 설명

실험 6

회로의 동작 설명

실험 7

회로의 동작 설명

실험 8

회로의 동작 설명

실험 9 전계효과트랜지스터

<table>
<tr><td>실습목적</td><td colspan="4">전계효과트랜지스터(FET)의 특성과 종류를 이해하고 실험을 통하여 확인한다.
전계효과트랜지스터(FET)의 용도와 사용법을 학습한다.</td></tr>
<tr><td rowspan="5">실습준비물</td><td>계측기</td><td colspan="2">• 디지털 멀티미터
• 가변직류전원
• 함수발생기
• 오실로스코프</td><td>2대
1대
1대
1대</td></tr>
<tr><td rowspan="3">부 품</td><td>• 브레드보드</td><td></td><td>1개</td></tr>
<tr><td>• FET</td><td>2SK30, 3N187</td><td>각1개</td></tr>
<tr><td>• SPST 스위치</td><td></td><td>2개</td></tr>
</table>

I 이론

9.1 접합형전계효과트랜지스터(Junction Field Effect Transistor:JFET)

일반적으로 트랜지스터는 바이폴라 트랜지스터로 두가지 형태의 캐리어, 전자와 정공의 운동에 의해서 동작한다. 이와는 달리 유니폴라 트랜지스터는 극성(P채널, N채널)에 따라 전자나 정공 중 하나만을 캐리어로 사용하는 단극성의 트랜지스터로서 전계효과 트랜지스터(FET : field effect transistor)가 있다. FET는 높은 입력임피던스의 전압제어소자로 다단증폭기의 입력단에 사용되며, 접합형(junction FET:JFET)과 금속산화반도체형(metal oxide semiconductor FET : MOSFET)의 두 가지 종류가 있다. 10MHz이하의 주파수에서는 JFET가 널리 사용된다. JFET와 MOSFET 모두 드레인 전류 I_D가 게이트의 전압에 의해 제어되는 전계효과 트랜지스터이다. 그러나 이 두 종류의 FET는 물리적으로나 동작원리에서 완전히 다르다.

9.1.1JFET의 구조와 동작원리

JFET는 게이트(gate), 드레인(drain), 소스(source)의 3단자를 가지고 있으며 채널은 N형 또는 P형 반도체로 이루어져 있다. 드레인과 소스의 단자 리드는 채널의 위아래에 옴 접촉으로 되어 있다. 채널의 양쪽에 위치하고 있는 게이트는 반도체 접합을 이루고 있어 접합형 FET라고 불리 운다. JFET는 N채널과 P채널의 두 종류가 있다. JFET의 회로기호는 그림9.1 서와 같은 기호를 사용하며 N채널의 경우에는 게이트의 화살표 방향은N채널을 향하며 가운데 또는 소스에 가깝게 표시한다. N채널과 반대로 P 채널의 경우에는 게이트의 화살표 방향이 채널 쪽에서 나오는 방향으로 되어 있다. P채널 FET는 N채널과 비교하여 드레인 전압(V_{DD})과 게이트전압(V_{GG})의 극성을 반대로 해야 한다.

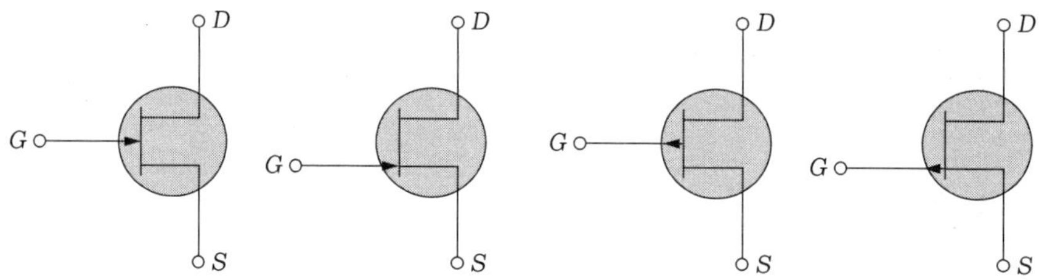

(a) N채널 JFET (b) P채널 JFET

그림9.1 JFET의 기호

9.1.2JFET의 드레인 특성

N채널 JFET의 경우, I_D에 대한 드레인-소스 전압 V_{DS}의 효과는 그림 9.2 회로에 의해 실험적으로 결정될 수 있다. V_{GG}는 게이트 바이어스이고, V_{DD}는 드레인 전압이다. 전압계 M_2는 V_{DS}를 측정하고, 전류계 M_1은 V_{DD}의 변화에 따른 I_D를 측정한다.

게이트와 소스간의 전압이 0인 경우(V_{GS}=0V), 게이트와 소스가 단락된다.

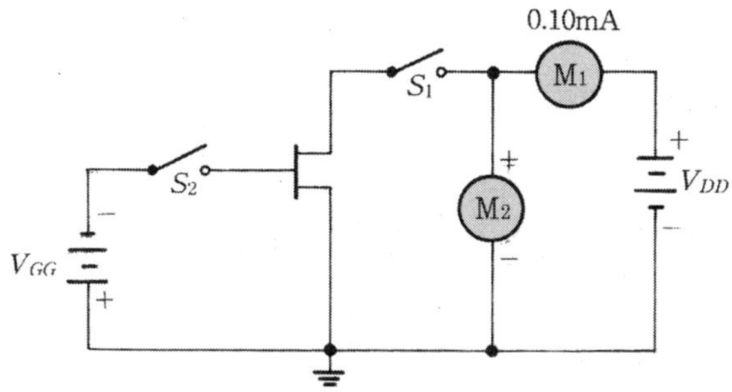

그림9.2 N채널 JFET의 드레인 특성을 결정하기 위한 회로

V_{DD}가 0에서 증대되면 그림 9.3 A, B점 사이의 그래프와 같이 I_D는 V_{DS}에 비례하여 증가할 것이다. V_{DS}와 I_D 사이에는 옴 법칙이 성립되기 때문에 이것을 저항영역(Ohmic region)이라고 한다. B점에서부터 I_D는 비교적 일정한 값으로 되는데 이 값을 I_{DSS}라 한다. 게이트와 드레인 간의 역방향전압(V_{GS})이 채널을 충분히 좁혀 채널저항이 증가하기 시작하는 곳이 바로 이점(B점)이다. 이 점에서의 V_{GD}값을 핀치오프 전압 V_P라고 부른다.

그림 9.4 V_{DS}=0일 때 V_{DS}에 대한 I_D의 변화를 보여준다. V_{DS}가 0V부터 핀치오프전압 V_P까지 증가함에 따라 I_D는 0부터 JFET를 손상시키지 않는 범위의 최대의 드레인 전류 I_{DSS}까지 증가한다. V_{DS}가 V_P까지 증가할 때 드레인 전류는 I_{DSS}와 같은 값을 가진다.

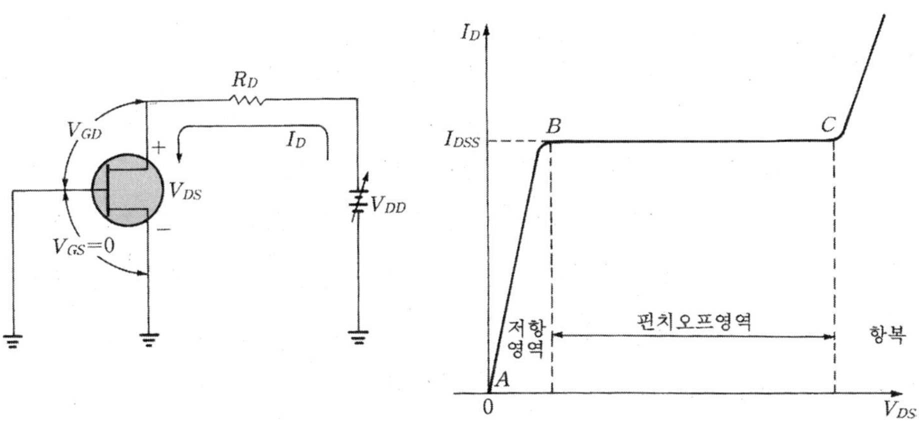

그림9.3 V_{GS}=0V에 대한 드레인 특성곡선

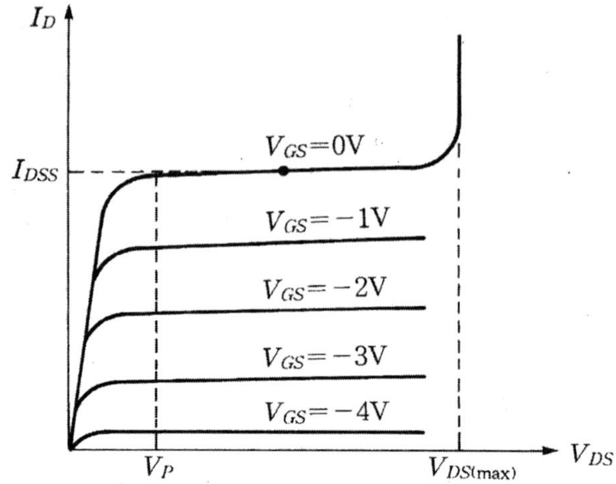

그림9.4 JFET의 드레인 특성곡선

JFET는 통상적으로 I_D와 변화가 거의 없는 V_P에서 최대 V_{DS}까지의 범위에서 동작한다. 만약, V_{DS}가 최대 V_{DS}를 넘어 계속 증가하면 I_D가 급격히 증가하여 JFET를 파괴하게 되는 눈사태 현상을 일으키게 된다. 따라서 최대는 V_{GS}=0일 때 FET가 안전하게 동작하는 드레인-소스 전압의 최대값이다. 핀치오프 전압 V_P는 I_D가 일정하게 되는 전압의 출발점이다. V_{GS}가 -V_P의 값이 될 때, 즉 게이트 바이어스가 -V_P일 때 드레인 전류가 차단됨을 알 수 있다.

9.1.3JFET의 전달 특성

전달 특성 또는 상호 컨덕턴스의 특성은 FET의 동작 조건을 평가하는 데 사용된다. 이 특성은 그림 9.2 회로를 사용하여 그릴 수 있다. 그러나 V_{GS}가 변화하는 동안 V_{DS}는 일정한 값을 유지하고 I_D가 측정된다. 결과는 그림 9.5 유사하다.

전달 특성을 보면 곡선의 끝점이 (1) V_{GS}=0, I_D=I_{DSS}, (2) V_{GS}=V_{GS}(OFF)=-4, ID=0 이고, 점 2는 V_{GS}=V_{GS}(OFF)일 때 최소 드레인 전류를 표시한다. V_{GS}가 I_D를 제어하기 때문에 V_{GS}와 I_D의 관계가 대단히 중요하다. 그림 9.5 V_{GS}와 I_D와의 관계를 그래프 적으로 보여주는 전형적인 전달 특성곡선이다. 그림 9.8 서 특성곡선의 하단 V_{GS}끝이 축상에 있고 그 값이 V_{GS}(OFF)임에 유의하라. 그리고 특성곡선의 상단 끝이 I_D축상에 있고 그 값은 I_D임에 유의하라. JFET의 동작의 한계는 $V_{GS}=V_{GS}$(OFF)일 때 I_D=0이고 V_{GS}=0일때 $I_D=I_{DSS}$이다.

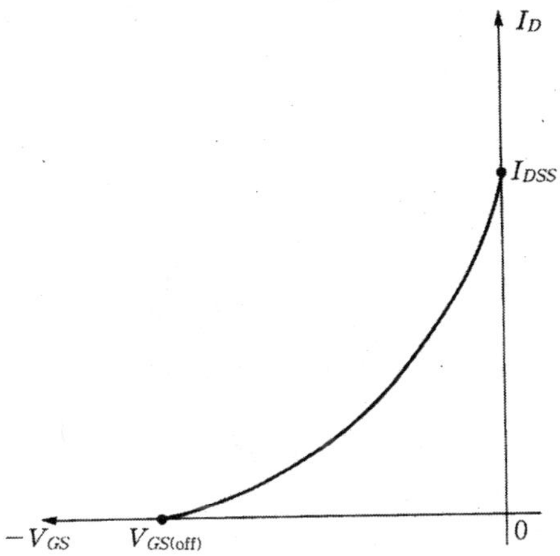

그림9.5 JFET의 전달 특성곡선

따라서 다음과 같은 수식으로 표현 할 수 있다.

$$I_D = I_{DSS}\left[\frac{1 - V_{GS}}{V_{GS}(OFF)}\right]^2$$

여기서, V_{GS}(OFF)와 I_{DSS}를 알면 어떤 V_{GS}에 대해서도 I_D를 결정할 수 있다. V_{GS}(OFF)와 I_{DSS}는 FET의 규격표에서 알 수 있다. 윗식을 자승법칙이라 하며 JFET를 흔히 자승법칙 소자라고 한다.

9.2 금속산화반도체형 전계효과트랜지스터(metal oxide semiconductor FET:MOSFET)

9.2.1MOSFET 구조와 동작원리

(1) 증가형 MOSFET(enhancement-type MOSFET)

MOSFET은 JFET과 마찬가지로 드레인 전류 I_D가 게이트에 가해지는 전압 V_G

에 의해 제어되는 전계효과 트랜지스터이다. 그러나 MOSFET은 실제 모양과 동작 원리에 있어서 JFET과 다르며, MOSFET이 제작되는 방법에 따라 공핍형(depletion type)과 증가형(enhancement type)으로 구별되며, 게이트가 절연 물질로 구성된 MOSFET이 게이트가 역방향으로 된 pn접합에 의해 구성되는 JFET보다는 훨씬 더 큰 입력 임피던스를 가지게 된다.

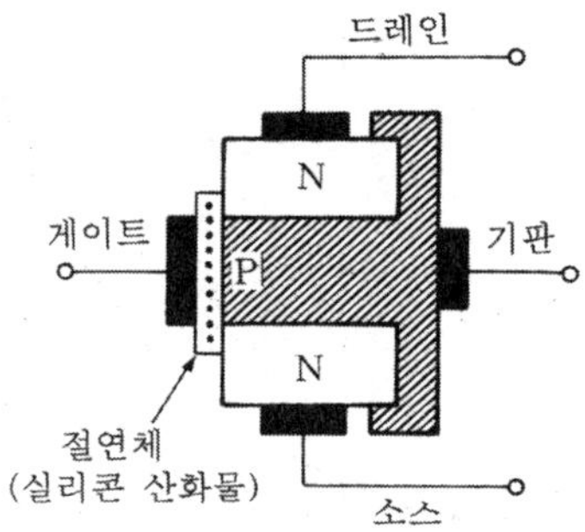

그림9.6 N형 증가형 MOSFET 구조

증가형 MOSFET에서는 드레인과 소스 단자 사이에 채널이 없으며, 그림 9.6 같이 N형 드레인과 소스는 P형 기판(substrate)에 의해 분리된다.

게이트는 FET의 본체와 절연되어 있기 때문에, MOSFET을 절연 게이트 FET(insulated gate FET : IGFET)라고도 불리며 특별한 외관적인 채널이 존재하지 않음에도 그림 9.6 MOSFET은 N형 증가형 FET라고 한다.

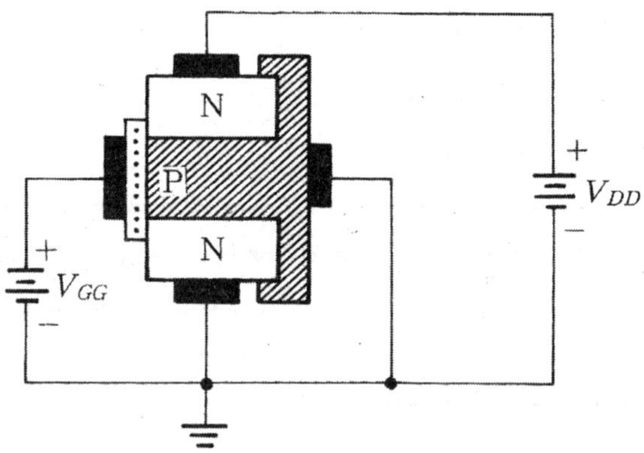

그림9.7 증가형 MOSFET의 바이어스 방법

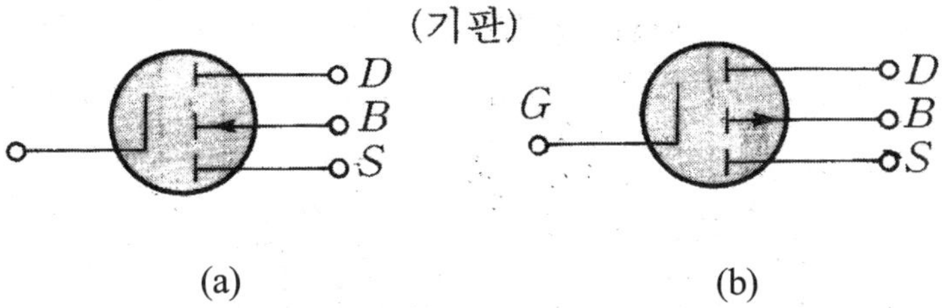

그림9.8 증가형 MOSFET 기호 (a) N형, (b) P형

N형의 증가형 MOSFET은 게이트가 소스에 비해 문턱 전압이라고 하는 양의 값을 가져야만 전류를 흘리며, 그렇지 않을 경우에는 전류를 흘릴 수 없다. 게이트는 기판으로부터 절연되어 있으므로, 게이트가 기판에 비해 양의 전압을 갖더라도 게이트 전류는 흘릴 수 없다. 즉, MOSFET은 높은 임피던스를 갖는 트랜지스터이며, N형 혹은 P형의 증가형 MOSFET의 기호가 그림 9.8a) 및 (b)에 나타나 있다. 수직으로 그려진 점선이 증가형 MOSFET을 나타낸다.

9.2.2 공핍형 MOSFET(depletion-type MOSFET)

그림 9.9 N형 공핍형 MOSFET은 증가형 MOSFET과 비슷하나, 아무런 바이어스전압이 가해지지 않더라도 N형 채널이 형성되어 있다는 점에서 증가형 MOSFET과 다르며, 공핍형 MOSFET은 게이트 전압이 양의 값, 혹은 음의 값인가에 관계없이 동작한다.

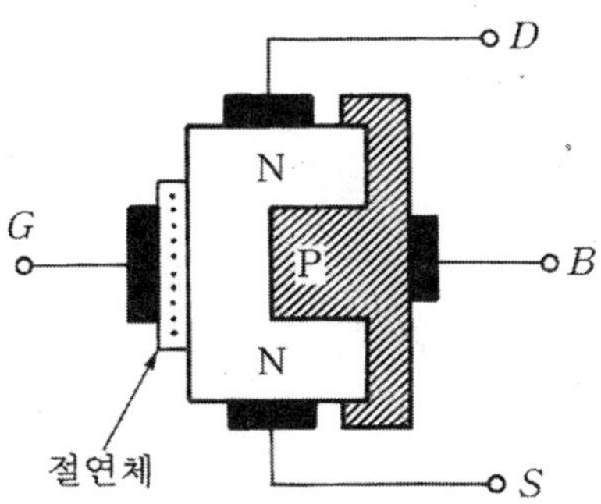

그림9.9 N형 공핍형 MOSFET

게이트가 소스에 대해 양의 값을 가지면 FET는 증가형으로 동작하며, 음의 값

을 가지면 공핍형으로 동작한다. 공핍형 MOSFET은 P채널 및 N기판으로 만들 수 있으며, N채널 및 P채널 공핍형 MOSFET의 기호가 그림 9.10 나타나 있다.

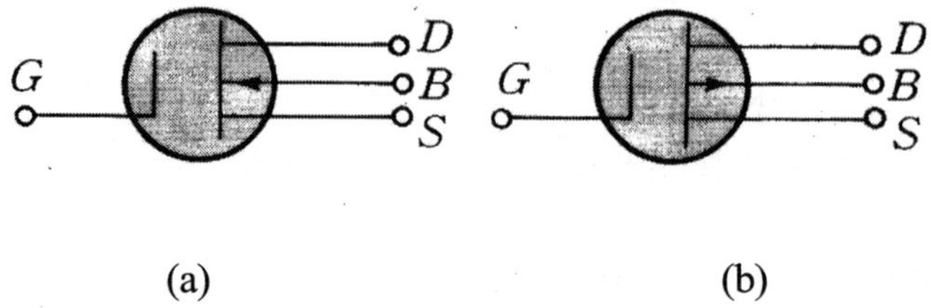

그림9.10 공핍형 MOSFET 기호 (a) N형, (b) P형

Ⅱ 실험

실험 1

(가) 그림 9.2 같이 회로를 연결하고 스위치 S_1을 열어둔다. 이때 $V_{GS}=0\,V$가 되게 하라.

(나) $V_{DD}=0\,V$가 되게 하고 스위치 S_1을 닫는다. $V_{DS}=0\,V, V_{GS}=0\,V$일 때의 드레인 전류 I_D를 측정하여 표 9.1 기록하라.

(다) V_{DS}가 0.5V가 되도록 V_{DD}를 증가시켜 $V_{DS}=0.5\,V, V_{Gs}=0\,V$일 때의 전류 I_D를 측정하여 표 9.1 기록하라.

(라) V_{DS}가 표9.1에 나타난 값이 되도록 V_{DD}를 증가시키고 각 경우에 대해 드레인 전류 I_D를 측정하여 표 9.1 기록하라.

(마) 스위치 S_1을 열고 게이트와 접지 사이의 연결을 푼다.

실험 2

(가) 그림 9.2 회로에서 게이트에 전압 V_{GG}가하고 스위치S_1,S_2를 연다.

(나) V_{DD}와 V_{GG}를 0V로 조정하고, 스위치 $S_{1,}S_2$를 조정하시오. 이 후 전원을 켠다.

(다) $V_{GS}=-0.25\,V$가 되도록 V_{GG}를 조정하라.

(라) $V_{DS}=0\,V$일 때의 드레인 전류 I_D를 측정하여 표 9.1 기록하라.

(마) $V_{DS}=0\,V$가 표 9.1 나타난 값이 되도록 V_{DD}를 증가시키고 각 경우에 대해 드레인 전류 I_D를 측정하여 표 9.1 기록하라.

(바) $V_{GS}=-0.5\,V$가 되도록 V_{GG}를 증가시키고 (라),(마)를 반복하라.

(사) V_{GS}가 표 9.1 나타난 값이 되도록 V_{GG}를 증가시키고 각 경우에 대해 드레인 전류가 차단될 때까지 (라),(마)를 반복하라.

표9.1 게이트 전압이 0V일 때(VGS=0V)와 역바이어스 걸렸을 때

V_{DS}(V)	I_D(mA)									
	V_{GS}(V)									
	0	-0.25	-0.5	-0.75	-1.0	-1.25	-1.5	-1.75	-2.0	-2.5
0										
0.5										
1.0										
1.5										
2.0										
2.5										
3.0										
3.5										
4.0										
4.5										
5.0										
7.0										
9.0										
11.0										
13.0										
15.0										

실험 3

(가) 스위치 S_1과 S_2를 열고, V_{DD}=15V, $V_{GG}=-2.5\,V$가 되도록 조정하라.

(나) 스위치 S_1과 S_2를 닫는다. V_{DS}=15V를 유지하면서 표 9.2 나타난 각 V_{GS}에 대한 드레인 전류 I_D를 측정하여 표 9.2 기록한 후 스위치 S_1을 연다.

(다) 표 9.2 자료를 이용하여 드레인 특성곡선을 그리시오. 수평축이 V_{DS} ,수직축이 I_D가 되게 하고, V_{GS}의 값에 따라 각 특성곡선과 V_P를 같게 하라.

(라) 표 9.2 자료를 이용하여 전달 특성을 그리시오. 수평축이 V_{GS},수직축이 I_D

가 되게 하라.

(마) 표 9.2 결과치로부터 전달 컨덕턴스 g_m 을 계산하라.

표9.2 전달특성

V_{GS}(V)	-2.5	-2.0	-1.75	-1.5	-1.25	-1.0	-0.75	-0.5	-0.25	0
I_D(mA)										

①드레인 특성곡선

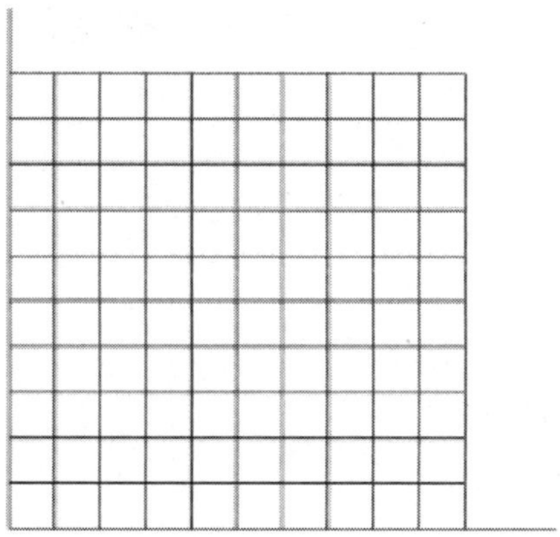

② 전달특성곡선

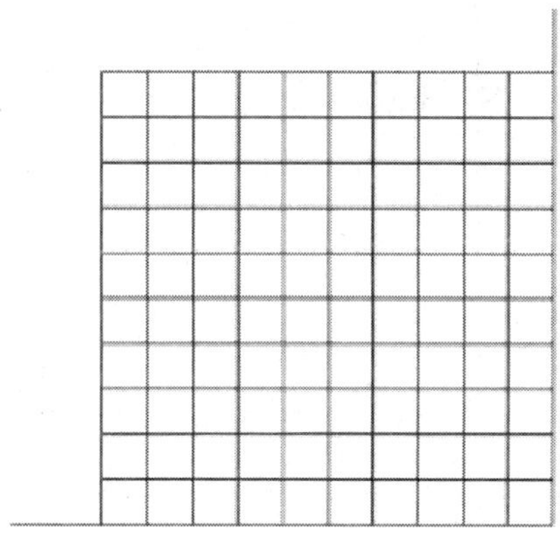

실험 4

(가) 그림 9.11 측정하려는 MOSFET 3N187의 아래쪽 단자 연결도를 보여준다. 그림 9.14 회로도를 연결하라. 스위치 S_1 및 S_2는 열어놓은 상태이며, V_{DD}는 0V에 V_{GG}는 -0.8V에 고정되어 있다.

(나) S_1 및 S_2를 닫고 $V_{GS} = -0.8\,V$, $V_{DS} = 0\,V$일 때의I_D를 측정하여 표 9.1 기록하라.

(다) V_{GS}를 -0.8 V로 고정하고 V_{DS}를 +1V, 3V 등 표 9.3에 있는 대로 증가시키면서 I_D를 측정하고 그 결과를 기록하라.

(라) V_{GS}를 -0.7V로 감소시킨 후, 표 9.3에 있는 각 V_{DS}의 값에 대해 I_D를 측정하고 기록하라.

(마) V_{GS}의 각 음의 값에 대해 (4)의 과정을 반복하라.

(바) S_1 및 S_2를 열고 게이트 바이어스 전압 V_{GG}의 극성을 바꾼 후, V_{GS} = 0V

일때 및 표 9.3 있는 각 V_{GS} 및 V_{DS}의 값에 대해 (라)의 과정을 반복하라. 표 9.3 측정된 자료로부터 MOSFET 3N187의 드레인 특성곡선을 그려라.

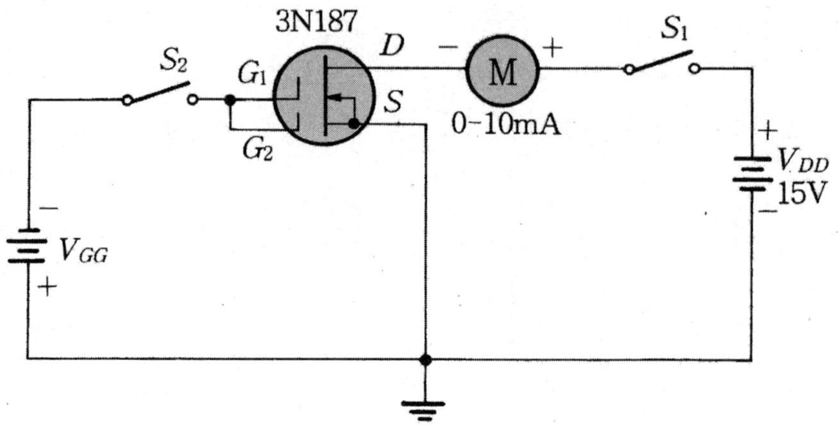

그림9.11 실험회로도

표9.3 드레인 전류 특성 측정

V_{DS} (V)	I_D(mA)								
	0	1	3	5	7	9	11	13	15
-0.8									
-0.7									
-0.6									
-0.5									
-0.4									
-0.3									
-0.2									
-0.1									
0									
+0.1									
+0.2									
+0.3									
+0.4									
+0.5									
+0.6									
+0.7									
+0.8									

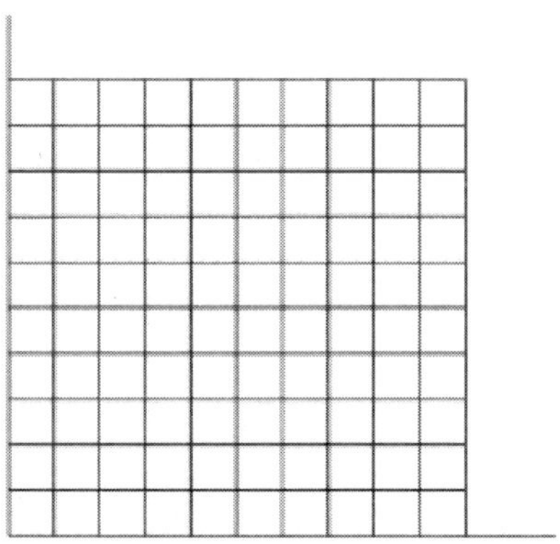

①드레인 전류 특성곡선

실 험 보 고 서

실험제목			실험일자	
학년	반	학번	실험조	성명

실험 1, 실험 2

표9.1

$V_{DS}(V)$	$I_D(mA)$									
	$V_{GS}(V)$									
	0	-0.25	-0.5	-0.75	-1.0	-1.25	-1.5	-1.75	-2.0	-2.5
0										
0.5										
1.0										
1.5										
2.0										
2.5										
3.0										
3.5										
4.0										
4.5										
5.0										
7.0										
9.0										
11.0										
13.0										
15.0										

실험 3

표9.2

V_{GS}(V)	-2.5	-2.0	-1.75	-1.5	-1.25	-1.0	-0.75	-0.5	-0.25	0
I_D(mA)										

①드레인 특성곡선

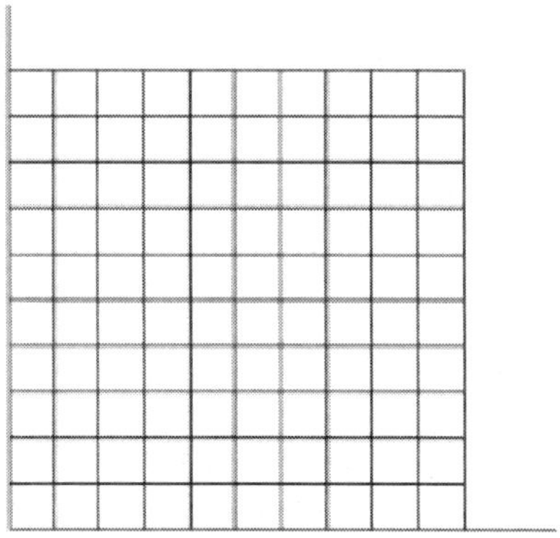

② 전달특성곡선

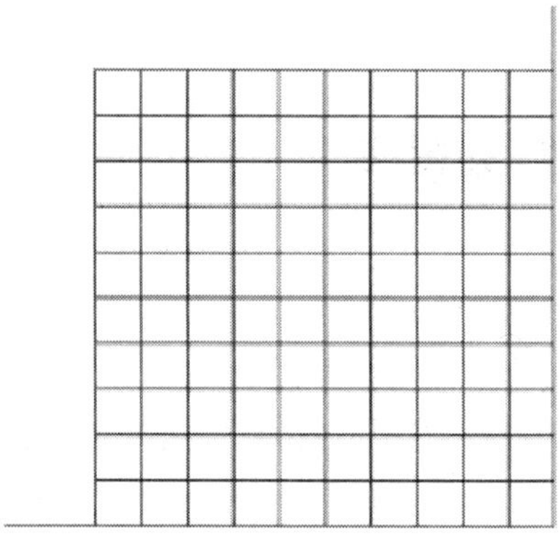

실험 4

①드레인 전류 특성곡선

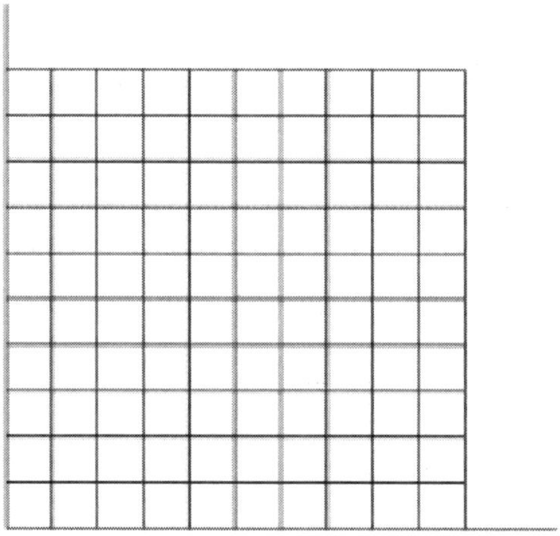

표9.3

V_{DS} (V)	I_D(mA)								
	0	1	3	5	7	9	11	13	15
-0.8									
-0.7									
-0.6									
-0.5									
-0.4									
-0.3									
-0.2									
-0.1									
0									
+0.1									
+0.2									
+0.3									
+0.4									
+0.5									
+0.6									
+0.7									
+0.8									

절취선

실험 10 연산증폭기

<table>
<tr><td>실습목적</td><td colspan="3">• 연산증폭기(Op-Amp; operation amplifier)의 개념을 이해하고, 이상적인 연산증폭기와 실제의 연산증폭기를 비교한다.
• 반전증폭기와 비반전증폭기의 특성을 실험으로 확인한다.</td></tr>
<tr><td rowspan="5">실습준비물</td><td>계측기</td><td colspan="2">• 오실로스코프
• 가변직류전원</td><td>1대
1대</td></tr>
<tr><td rowspan="4">부 품</td><td>• 브레드보드</td><td></td><td>1개</td></tr>
<tr><td>• 저항</td><td>5kΩ, 10kΩ, 20kΩ, 50kΩ, 70kΩ, 80kΩ, 100kΩ, 120kΩ, 200kΩ, 100Ω</td><td>각2개</td></tr>
<tr><td>• OP-AMP</td><td>uA741</td><td>1개</td></tr>
<tr><td>• 가변저항</td><td>100kΩ, 10kΩ</td><td>1개</td></tr>
</table>

I 이론

10.1 이상적인 연산증폭기

연산 증폭기는 두 개의 입력단자와 한 개의 출력단자를 갖는다. 연산증폭기는 두 입력단자 전압간의 차이를 증폭하는 증폭기이기에 입력단은 차동증폭기로 되어있다. 연산증폭기를 사용하여 사칙연산이 가능한 회로 구성을 할 수 있으므로, 연산자의 의미에서 연산증폭기라고 부른다. 연산증폭기를 사용하여서 미분기 및 적분기를 구현할 수 있다. 연산증폭기가 필요로 하는 전원은 기본적으로는 두 개의 전원인 +Vcc 및 -Vcc 가 필요하다. 물론 단일 전원만을 요구하는 연산증폭기 역시 상용화되어 있다. 신호 증폭을 위한 주증폭기의 종류로는 전압 증폭기와 전류증폭기가 있지만 여기서는 전압증폭기만을 취급한다. 일반적인 op-amp 는 아래 그림10.1과 같이 생긴 8 pin IC 이다.

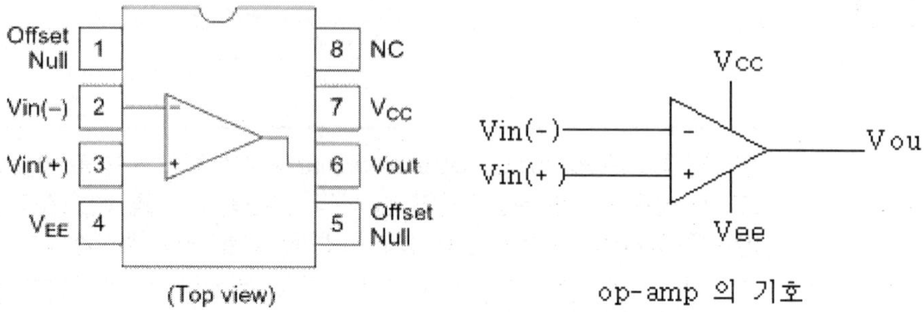

그림10.1 일반적인 OP-AMP 외형도와 기호

표10-1은 그림23.1의 각 pin 이 의미하는 것을 설명한 것이다.

표10-1

pin 번호	이름	기능
2	Vin(-) : 반전입력	입력단자
3	Vin(+) : 비반전입력	
6	Vout : 출력	출력단자
4	Vee, V-	op-amp를 구동하기 위한 전원입력으로, 일반적으로 Vee에는 -15V, Vcc에는 +15V를 연결한다.
7	Vcc, V+	
1, 5	offset null, trim, balance	output offset을 0으로 조정해 주기위해 사용하며 두 pin을 가변저항으로 서로 연결하여 사용한다. 대개의 회로에서 사용하지 않는다.
8		사용하지 않음

10.1.1 이상적인 연산증폭기

다음 조건을 만족하는 연산증폭기를 이상적인 연산증폭기라고 부른다.

(1) 무한대의 전압이득 : $A_v = \infty$

(2) 무한대의 입력저항 : $R_{in} = \infty$

(3) 영 옴인 출력저항 : $R_{out} = 0\Omega$

(4) 무한대의 대역폭 : $BW = \infty$

(5) 입력전압이 '0'일 때 출력전압 '0' : zero offset

(6) 온도에 따른 소자 파라미터 변동이 없어야 한다.

실제로 어떠한 연산증폭기도 위의 개루프 특성을 만족시킬 수는 없으나 이상적인 연산증폭기에 근사하게 되므로 별 문제는 없다.

10.1.2 연산증폭기의 등가회로와 표시 기호

그림10.2(a)의 등가회로에서 두 입력단자 V_1, V_2를 연결한 입력 저항 Z_{in}, 차동모드 입력 V_s와 차동모드 이득 A_v의 곱으로 나타난 전원과 출력 저항 Z_{out} 및 출력전압 V_0를 나타내고 있다. 그림10.2 (b)의 기호에서는 두 개의 입력 단자와 단일의 출력 단자를 나타내며, 전원은 보통 ±5~15 [V]의 양극성전원을 사용하며 기호에서는 생략하고, 단일전원을 인가할 수도 있다.

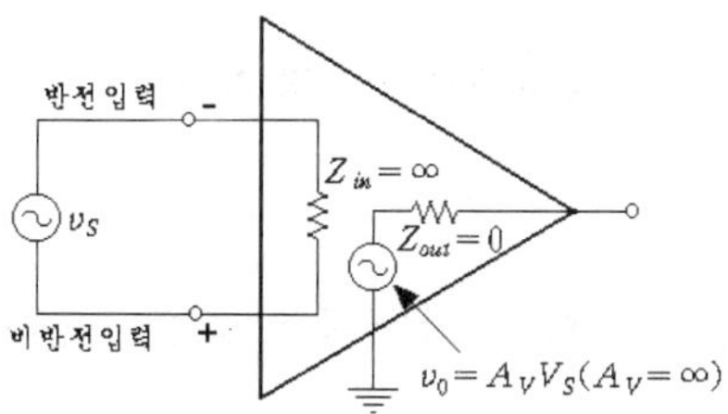

(a) OP Amp의 등가회로

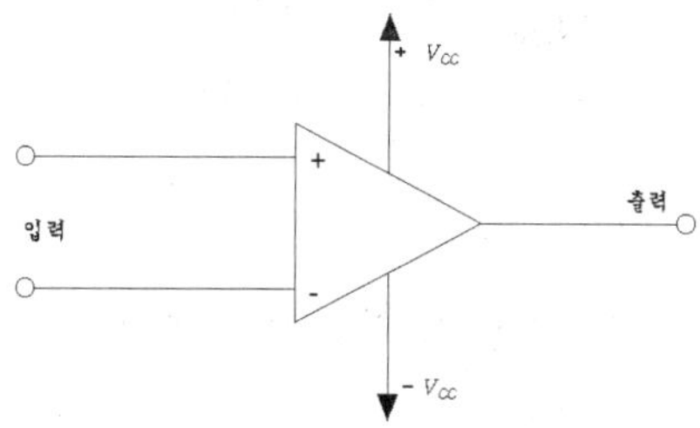

(b) 기호

그림10.2 Op-Amp의 등가회로와 기호

10.1.3 가상접지(virtual ground)

이상적인 연산증폭기의 전압이득이 무한대이기에, 증폭기 입력단자간의 전압은 영(zero)이 되며 이는 단락을 의미한다. 그러나 이 단락현상을 물리적인 실제적 단락이 아니기에 이를 가상접지라고 한다. 연산증폭기의 입력저항이 무한대이기에 입력단자로 전류가 유입될 수 없다. 즉 그림10.1에서 증폭기를 들여 다 본 입력저항은 무한대이면서, 그 양단 전압은 영이 됨을 유의해야 한다.

10.2 연산증폭기 전기적 특성

10.2.1 입력정수

① 입력 offset전압(V_{IO})

V_{IO} 는 출력전압을 0으로 만들기 위하여 입력 단자중의 하나에 인가되는 전압이다. 이상적인 연산증폭기의 경우 출력전압 offset은 0이 된다.

② 입력 bias 전류(I_{IB})

I_{IB} 는 두 입력 단자에 흐르는 전류의 평균값이다. 이상적인 경우 두 입력 단자의 bias전류는 같게 된다.

③ 입력 offset 전류 (I_{IO})

I_{IO}는 출력전압이 0인 경우에 두 입력단자의 bias전류의 차이다.

④ 입력저항(R_i)

R_i는 어느 한 입력단자가 접지되었을 경우 다른 입력단자에서 입력측을 들여다 본 입력저항이다.

10.2.2 출력 정수

① 출력저항(R_0)

R_0는 연산증폭기의 출력측에서 들여다 본 저항이다.

② 출력 단락회로 전류 (I_{OS})

I_{OS} 는 연산증폭기가 부하에 흘릴 수 있는 최대 출력전류이다.

③ 출력전압 swing(± $V_{0\max}$)

$V_{0\max}$ 는 연산증폭기가 포화되지 않고, 부하 저항에 공급할 수 있는 최대 출력전압이다.

10.2.3 동특성 정수

① 개루프 전압이득 (A_{OL})

A_{OL}은 외부 feedback이 없는 경우에 출력전압에 대한 비이다.

② 대신호 전압이득

출력 전압을 '0'에서 어떤 특정 전압까지 변화시키는 데 필요한 입력전압의 변화에 대한 최대 전압 swing의 비이다.

③ slew rate(SR)

SR은 단위 전압이득(1.0)을 갖는 연산증폭기 회로의 출력전압의 시간 변화율이다.

$$SR = \frac{dv}{dt} \quad (1)$$

④ 동상성분 제거비 (CMRR)

CMRR은 연산증폭기가 두 입력단자에 동시에 가해지는 신호를 거부하는 정도를 측정하는데 사용된다. 이것은 출력전압에 대한 동상성분 입력전압의 비로 표시되고, 일반적으로 dB로 나타내며, 클수록 좋다.

10.3 반전(Inverting) 증폭회로

그림10.3과 같은 반전 증폭회로에서 입력 전압을 e_s, 출력 전압을 e_0라 하면 A점을 기준으로 등가회로에서와 같이

$$e_s = R_s i_s = -i_f R_f \tag{10.1}$$

이다. 식(10.1)의 "-"부호는 전류의 방향이 i_s와 반대방향이며, 그 크기는 i_s와 같다. 식(10.1)을 이용하여

$$e_0 = -\frac{e_s}{R_s} R_f = -\frac{R_f}{R_s} e_s \tag{10.2}$$

가 된다.

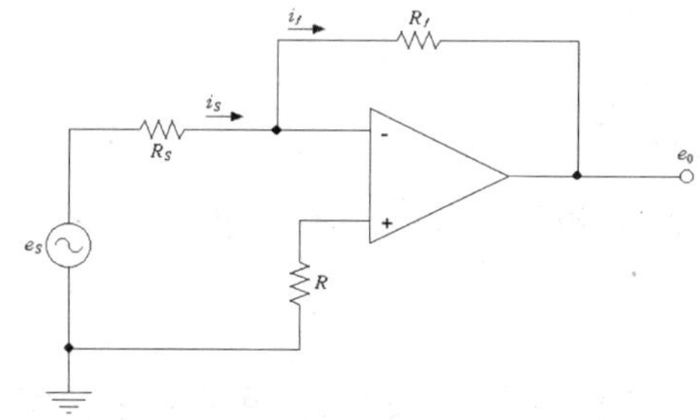

그림10.3 반전 증폭회로

식(10.2)를 이용해서 전압증폭도(A_V)를 구하면

$$A_V = \frac{e_0}{e_s} = -\frac{R_f}{R_s} \tag{10.3}$$

가 되어 그림10.2(a)의 등가회로에 나타나 있는 내부 요소와는 관계없이 R_f 와 R_s 만으로 이득이 결정되면, "-"의 의미는 입력 전압과 출력 전압과의 위상이 180° 차이가 있다는 뜻이다.

10.4 비반전(Non-inverting) 증폭회로

그림10.4의 등가회로에서와 같이

$$e_s = I_s R_s \tag{10.4}$$

$$e_0 = I_f R_f + e_s \tag{10.5}$$

이고, I_s 와 I_f 의 전류방향이 같으므로 $I_s = I_f$ 가 된다. 식(10.4)와 식 (10.5)를 이용하여

$$e_0 = \frac{e_s}{R_s} R_f + e_s = e_s\left(\frac{R_f}{R_s} + 1\right) \tag{10.6}$$

이 된다. 식(10.6)을 이용해서 A_V 를 구하면

$$A_V = \frac{e_0}{e_s} = \frac{R_f}{R_s} + 1 \tag{10.7}$$

이 되어 R_s와 R_f만으로 이득이 결정되고, 입력 전압과 동상이 되어 비반전 증폭회로라고 부른다.

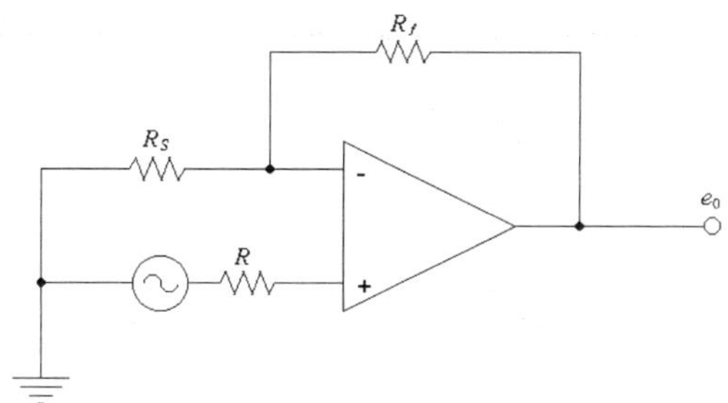

그림10.4 비반전 증폭회로

Ⅱ 실험

실험 1 입력 **offset**전압측정

(가) 입력 offset전압을 측정하기 위하여 그림10.5의 회로를 구성하라.

여기서 loop 이득 $A_V = \frac{R_2}{R_1}$이고, 입력 offset전압 $V_{IO} = \frac{V_0}{A_V}$이다.

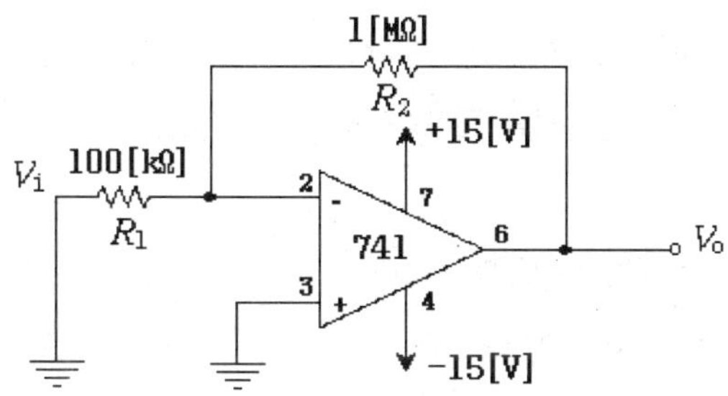

그림10.5 입력 offset전압 측정회로

(나) 출력전압 V_0를 측정하여 표에 기록하시오.

(다) 입력 offset전압 V_{IO}를 계산하여 표10-2에 기록하시오.

표10-2

V_0 측정값 [mV]	V_{IO} 계산값 [mV]

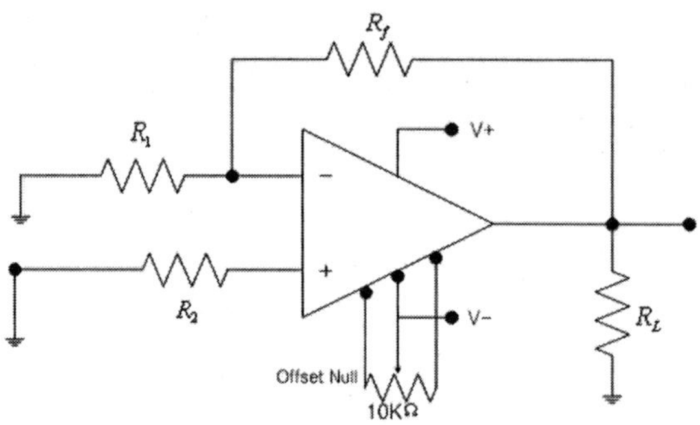

그림10.6 입력오셋조정 회로

(라) 그림10.6를 이용하여 (다)의 V_{IO}를 0으로 조정되는지 확인하시오.

실험 2 연산증폭기의 동상신호제거

(가) 그림과 같이 회로도를 구성한다.

(나) 오실로스코프를 사용해서 동상입력전압과 출력전압의 첨두치를 측정해 표에 기록하고 동상전압이득을 계산해 기록한다. 다음으로 동상신호제거를 dB값으로 계산한다. 결과를 표10-3에 기록한다.

- 차동증폭기 전압이득=R2/R1
- 동상전압이득=Vout(cm)/Vin(cm)
- dB동상신호제거=20log(Av(d)/Acm)

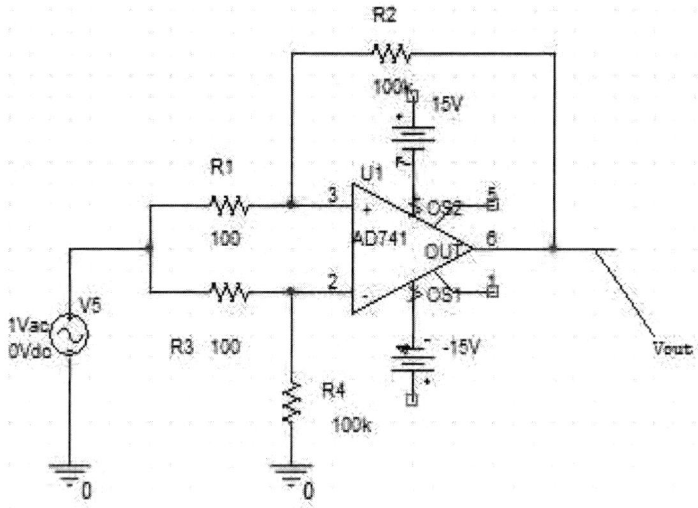

그림10.7 동상신호제거 실험

(다) R4대신에 100kΩ가변저항과 10kΩ 저항을 직렬로 연결한다.

(라) 전압을 넣어주고 6번 핀의 출력이 최소가 될 때까지 100kΩ의 가변저항을 조절한다.

(마) (나)의 실험을 실시하여 표10-4에 기록한다.

표10-3

동상입력전압의 측정값 $V_{in(cm)}$	
동상출력전압의 측정값 $V_{out(cm)}$	
동상전압이득의 계산값 Acm	
차동전압이득의 계산값 Ad	
동상신호제거의 계산값 CMR	

표10-4

동상입력전압의 측정값 vin(cm)	
동상출력전압의 측정값 vout(cm)	
동상전압이득의 계산값 Acm	
차동전압이득의 계산값 Ad	
동상신호제거의 계산값 CMR	

실험 3 반전증폭회로 실험

(가) 그림10.8 회로를 구성하시오.

(나) 입력전압 e_s에 0.4V를 인가하시오. 0.4V는 가변저항을 이용해서 만들어 인가한다. $V+$, $V-$값은 ±5V를 인가한다. R_2는 $R_1/2$로 한다.

(다) 표10-5에 제시된 저항값들에 대한 출력전압 e_o를 멀티미터로 측정하여 표10-5에 기록하시오.

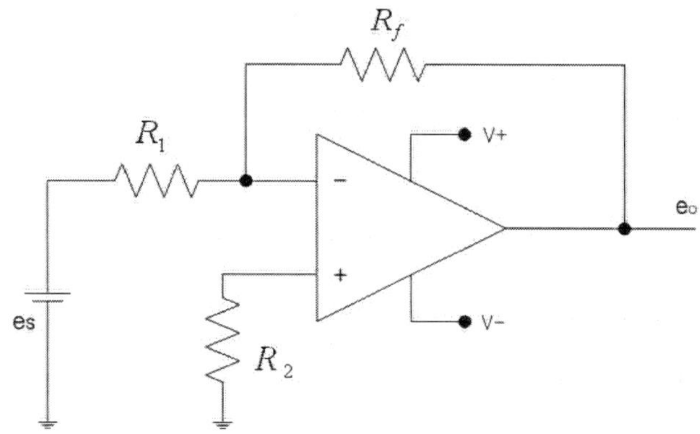

그림10.8 반전증폭기

표10-5

R1	10kΩ	10kΩ	10kΩ	10kΩ
Rf	30kΩ	70kΩ	120kΩ	5kΩ
e_o				

실험 4

(가) 그림10.9의 회로를 구성하고, ±10 [V]의 전원전압을 인가하라.

(나) 신호발생기의 출력신호를 정현파 1 V_{p-p}, 100 [Hz]로 하여 반전 입력단에 입력하여라.

(다) 저항 R_s를 $20k\Omega$, $50k\Omega$, $100k\Omega$으로 하였을 때 입력파형에 대한 출력파형을 그림10.10, 그림10.11,그림10.12에 그리시오.

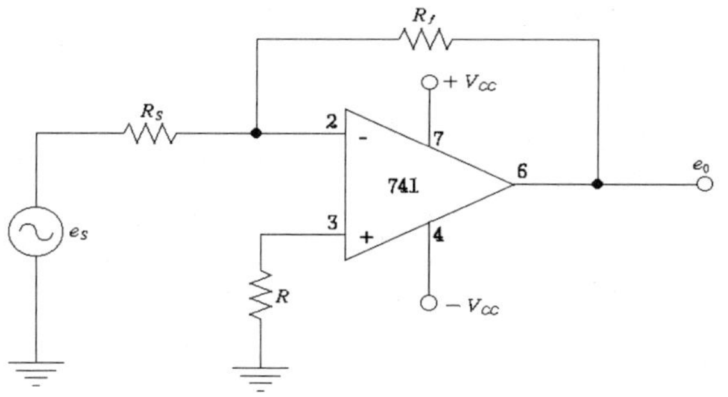

$(R_f = 100k\Omega, R = R_s/2)$

그림10.9 반전 증폭회로

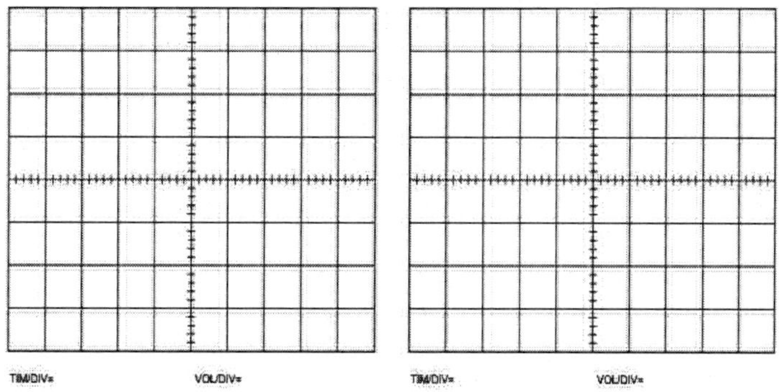

그림10.10

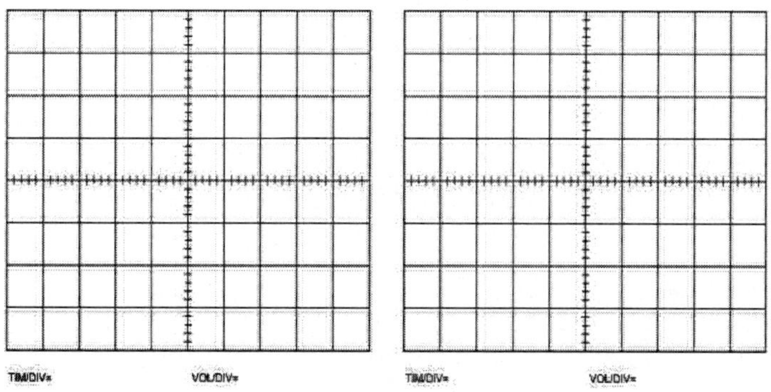

그림10.11

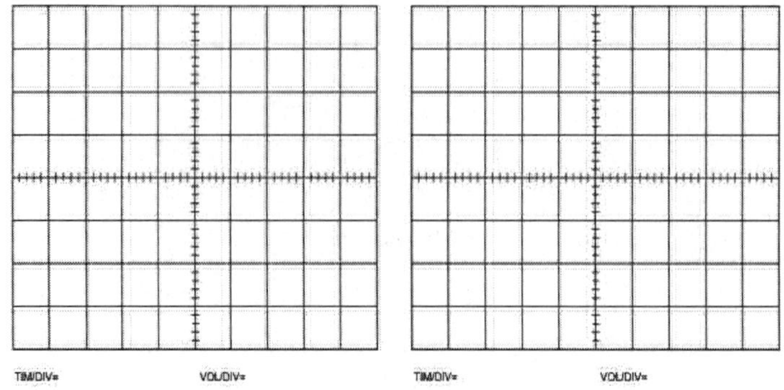

그림10.12

실험 5 비반전증폭회로 실험

(가) 그림10.13 회로를 구성하시오.

(나) 입력전압 e_s에 0.5V를 인가하시오. 0.5V는 가변저항을 이용해서 만들어 인가한다. $V+$, $V-$ 값은 ±10V를 인가한다.

(다) 표10-6에 제시된 저항값들에 대한 출력전압 e_o를 멀티미터로 측정하여 표10-6에 기록하시오.

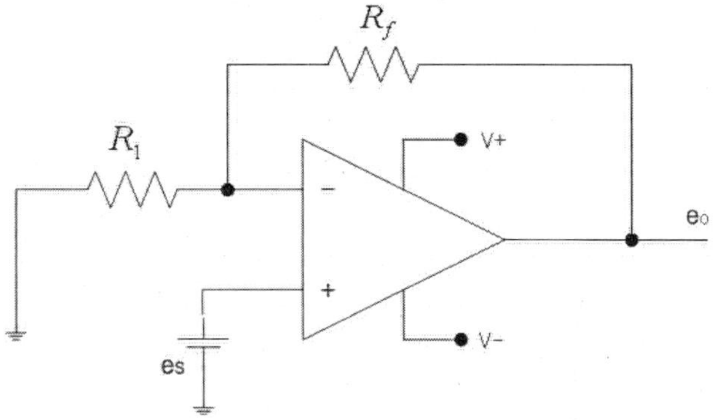

그림10.13 비반전증폭기

표10-6

R1	10kΩ	10kΩ	10kΩ	10kΩ
Rf	20kΩ	80kΩ	200kΩ	5kΩ
e_o				

실험 6 비반전 증폭회로 실험

(가) 그림10.14의 회로를 구성하고, 실험3과 동일한 방법으로 실험하여 측정하고, 측정된 결과를 그림10.15, 그림10.16,그림10.17에 그리시오.

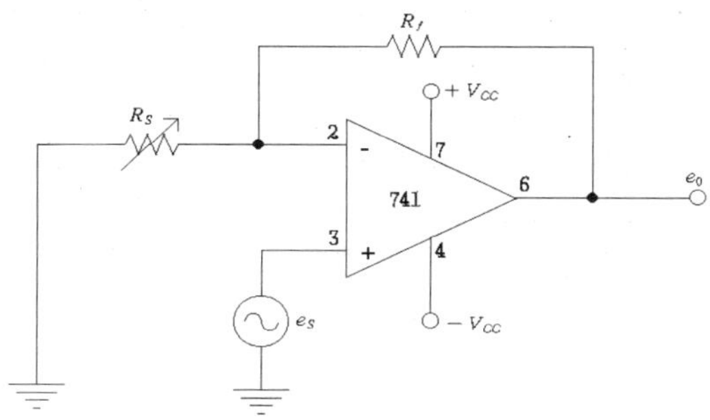

$(R_f = 100k\Omega, R = R_s/2)$

그림 10.14 비반전 증폭회로

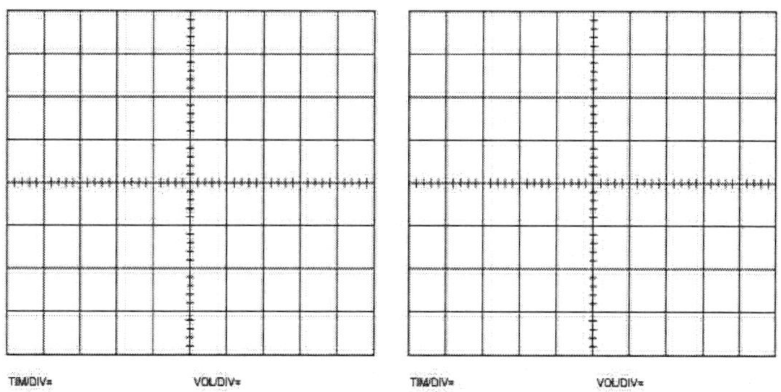

그림10.15

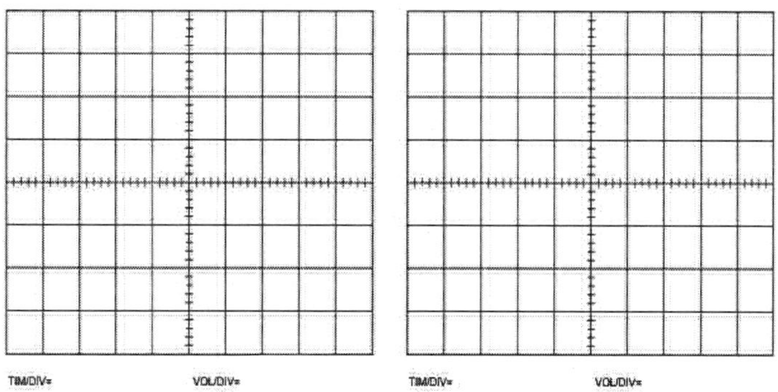

그림10.16

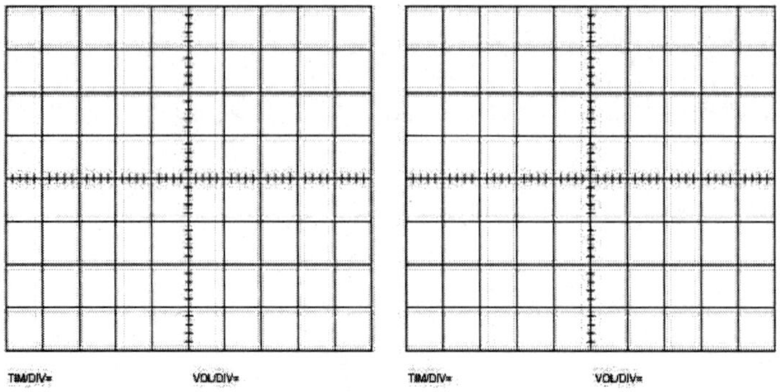

그림10.17

실 험 보 고 서

실험제목			실험일자	
학년	반	학번	실험조	성명

실험 1

표10-2

V_0 측정값 [mV]	V_{IO} 계산값 [mV]

실험 2

표10-3

동상입력전압의 측정값 $V_{in(cm)}$	
동상출력전압의 측정값 $V_{out(cm)}$	
동상전압이득의 계산값 Acm	
차동전압이득의 계산값 Ad	
동상신호제거의 계산값 CMR	

표10-4

동상입력전압의 측정값 vin(cm)	
동상출력전압의 측정값 vout(cm)	
동상전압이득의 계산값 Acm	
차동전압이득의 계산값 Ad	
동상신호제거의 계산값 CMR	

실험 3 반전증폭회로 실험

R1	10kΩ	10kΩ	10kΩ	10kΩ
Rf	30kΩ	70kΩ	120kΩ	5kΩ
e_o				

실험 4 반전증폭회로 실험

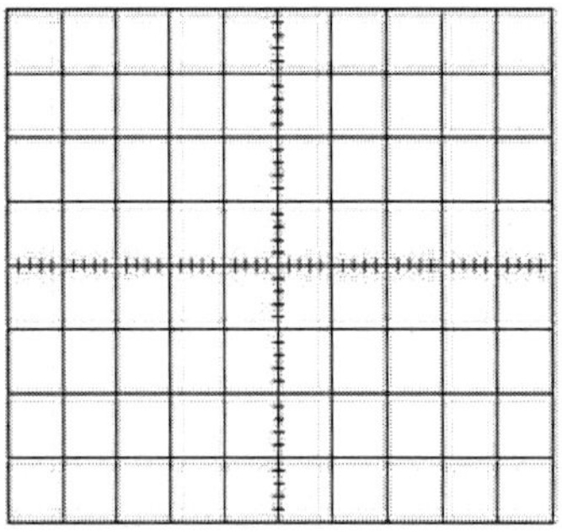

TIM/DIV= VOL/DIV=

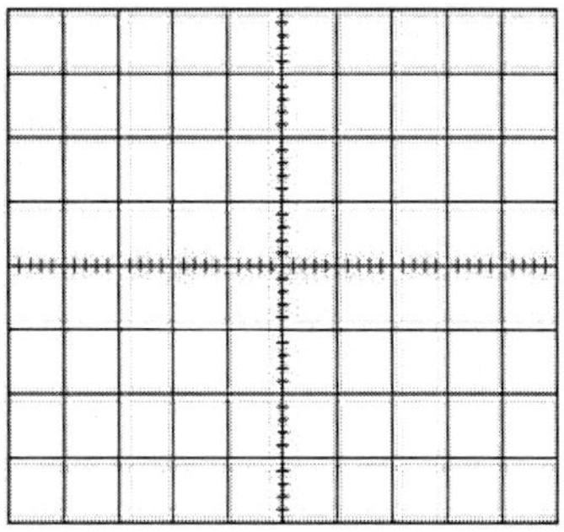

TIM/DIV= VOL/DIV=

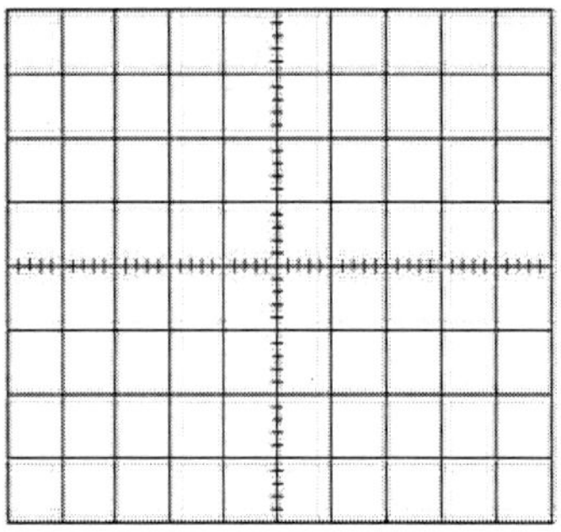

TIM/DIV= VOL/DIV=

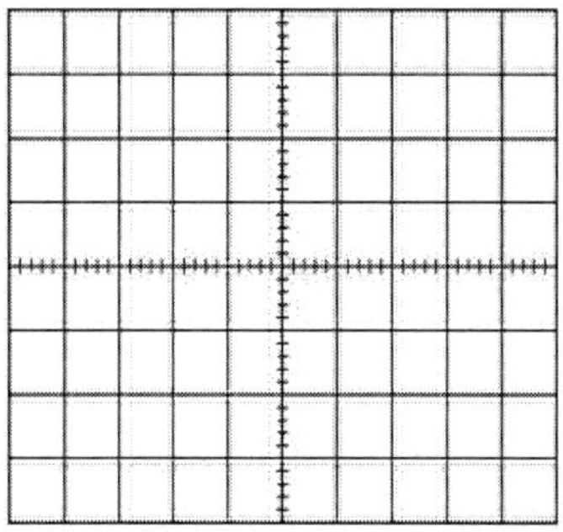

TIM/DIV= VOL/DIV=

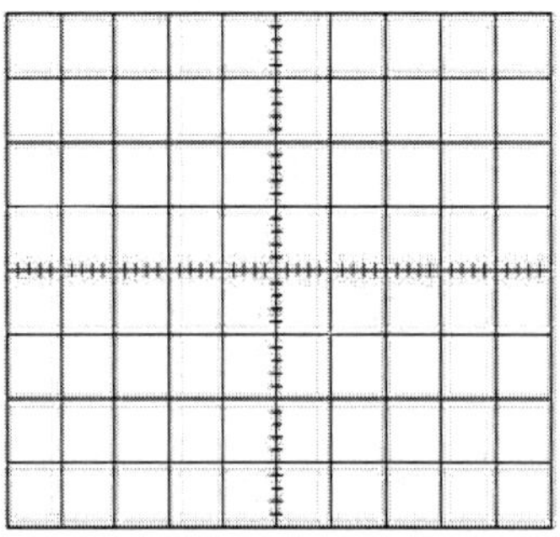

TIM/DIV= VOL/DIV=

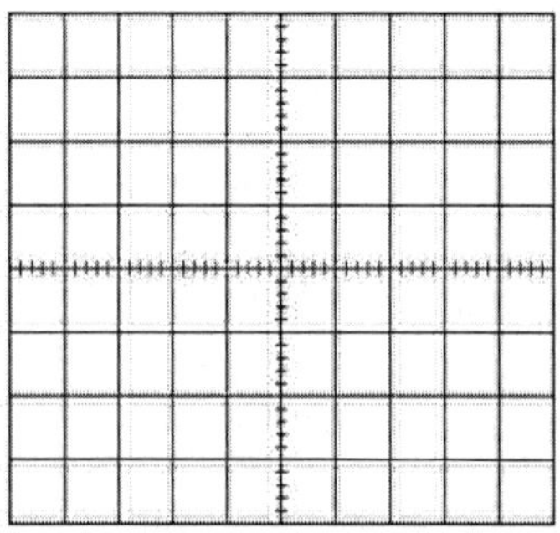

TIM/DIV= VOL/DIV=

실험 5 비반전증폭회로 실험

R1	10kΩ	10kΩ	10kΩ	10kΩ
Rf	20kΩ	80kΩ	200kΩ	5kΩ
e_o				

실험 6 비반전증폭회로 실험

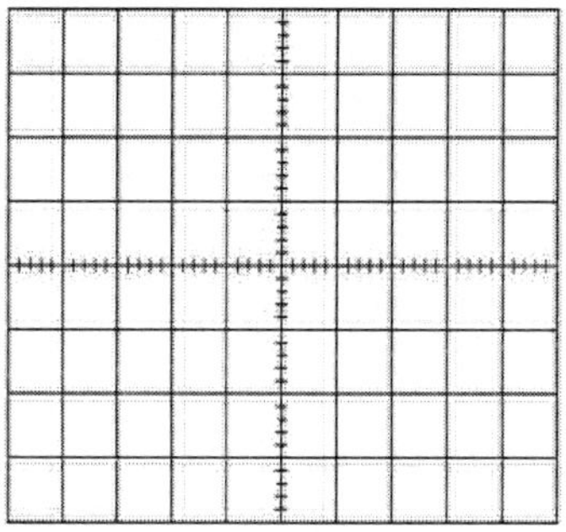

TIM/DIV= VOL/DIV=

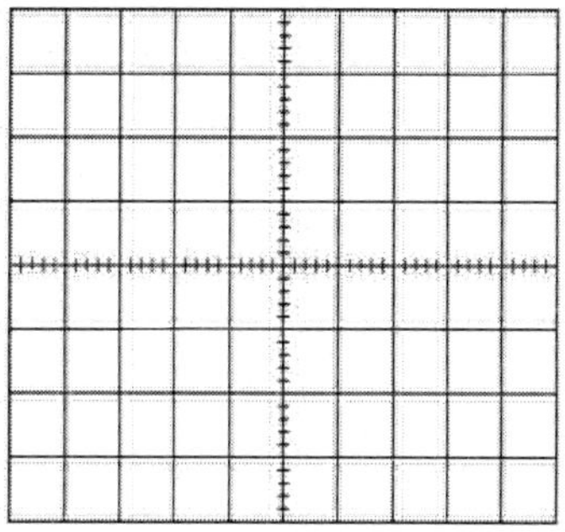

TIM/DIV= VOL/DIV=

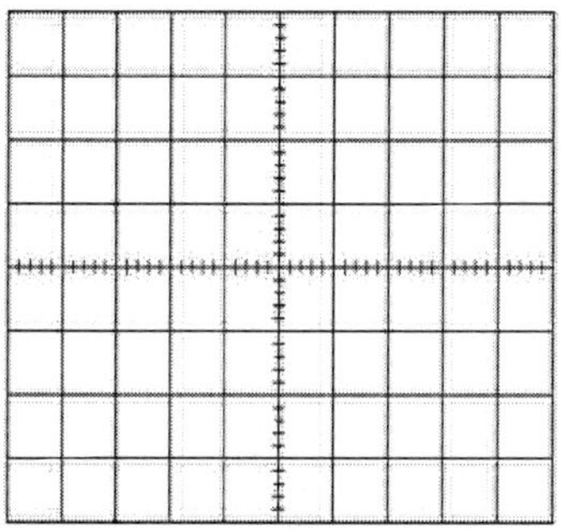

TIM/DIV= VOL/DIV=

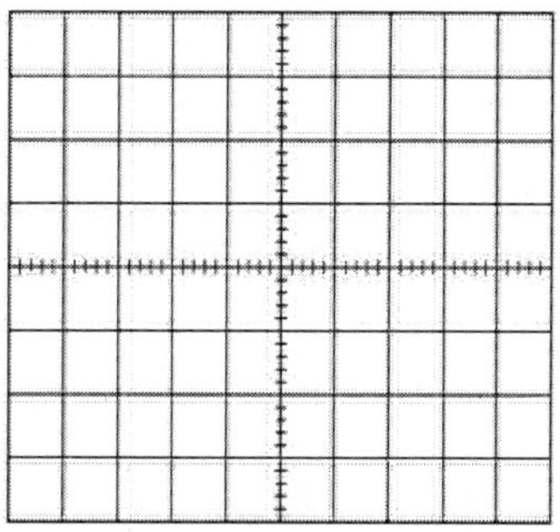

TIM/DIV= VOL/DIV=

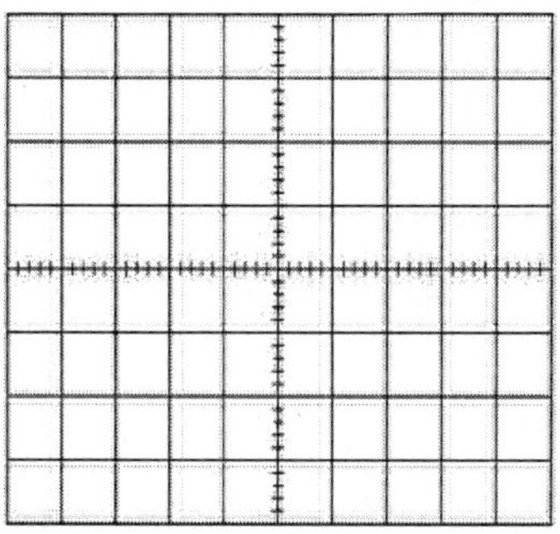

TIM/DIV= VOL/DIV=

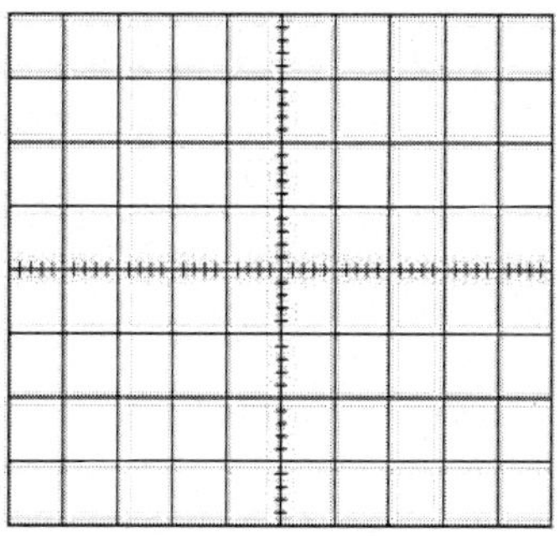

TIM/DIV= VOL/DIV=

실험 11 연산증폭기의 응용 1

<table>
<tr><td>실습목적</td><td colspan="4">OP-AMP를 이용한 신호의 미분 및 적분 회로의 특성을 이해하고 실험을 통하여 확인한다.</td></tr>
<tr><td rowspan="6">실습준비물</td><td>계측기</td><td colspan="2">• 오실로스코프
• 가변직류전원
• 함수발생기</td><td>1대
1대
1대</td></tr>
<tr><td rowspan="5">부 품</td><td>• 브레드보드</td><td></td><td>1개</td></tr>
<tr><td>• OP-AMP</td><td>uA741</td><td>1개</td></tr>
<tr><td>• 저항</td><td>2.2kΩ,10kΩ, 22kΩ,
25kΩ, 100kΩ</td><td>각4개</td></tr>
<tr><td>• 가변저항</td><td>10kΩ</td><td>2개</td></tr>
<tr><td>• 캐패시턴스</td><td>0.0022uF, 0.0047uF</td><td>각1개</td></tr>
</table>

I 이론

11.1 적분기

적분기(integrator)는 입력신호를 수학적 적분을 하여 출력신호를 발생시키는 회로이다. 그림11.1은 연산증폭기를 사용하여 구성한 적분기를 나타낸다. 일반적으로 귀환 회로에 캐패시터 C가 있는 반전 증폭기로 동작한다. 이 회로의 출력은

$$v_0(t) = -\frac{1}{R_1 C}\int_0^t v_i(t)dt \tag{11.1}$$

이다.

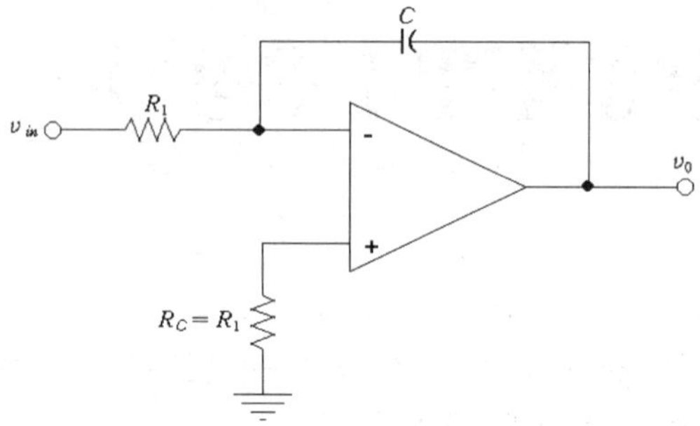

그림11.1 이상적인 적분기

그림11.2는 각종 입력전압 파형에 대한 적분기의 출력전압 파형을 보여준다.

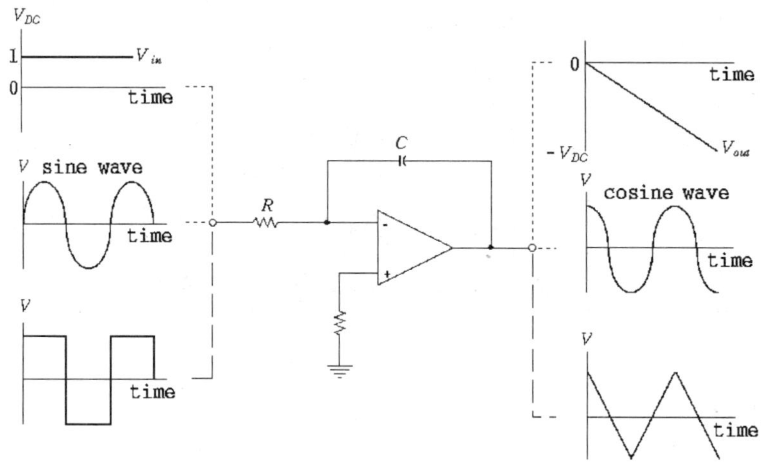

그림11.2 적분기 입력과 출력

11.2 미분기

미분기(differentiator)는 입력신호를 미분하여 출력신호를 발생시키는 회로이다. 그림11.3은 이상적인 미분기의 동작을 보여준다. 이 회로는 용량성 입력과 저항성 귀환 구성으로 적분기와 상반적이다. 이 미분기의 출력은 식(11.4)과 같다.

$$v_0 = -R_f C \frac{dv_i}{dt} \tag{11.4}$$

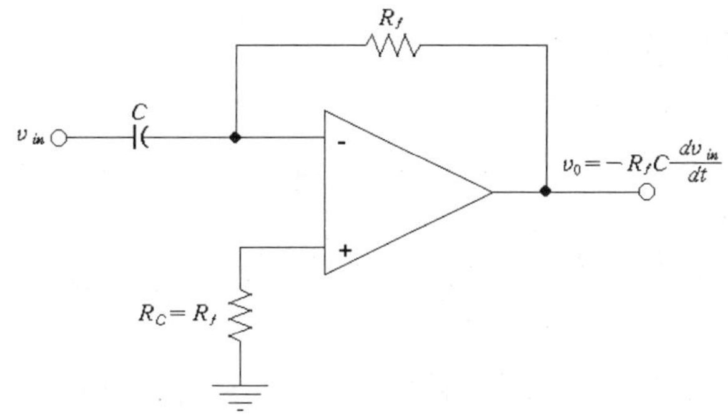

그림11.3 이상적인 미분기

따라서, 미분기 출력전압은 입력신호의 도함수에 상수 $R_f C$를 곱한 값의 반전된 값으로 나타난다. 그림11.4는 각종 입력전압 파형에 대한 미분기의 출력전압 파형을 보여준다.

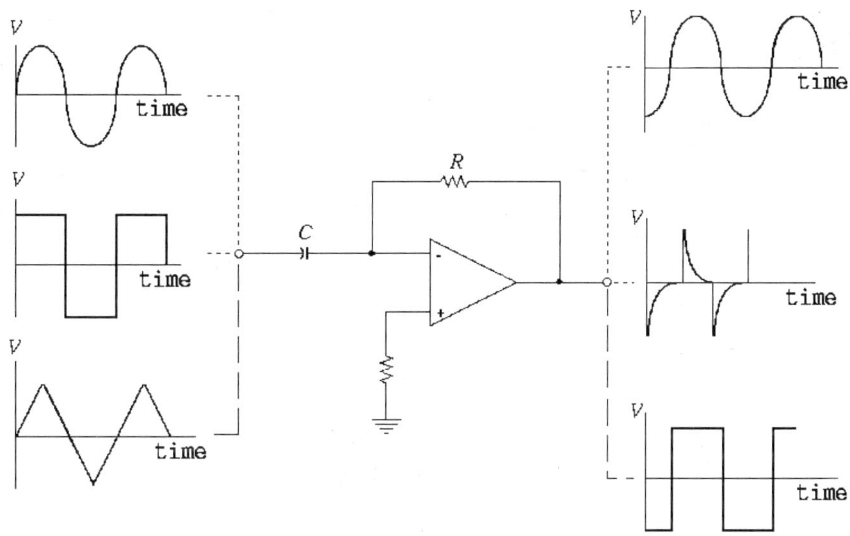

그림11.4 미분기의 입력과 출력

11.3 가산 증폭기

반전 전압 증폭기의 또 다른 장점은 한 입력 이상을 동시에 조정할 수 있는 것이다. 그림11.5의 회로에서 R_1을 흐르는 입력전류는 $i_1 = \frac{V_1}{R_1}$ 이고, R_2을 흐르는 입력전류는 $i_2 = \frac{V_2}{R_2}$, R_3을 흐르는 입력전류는 $i_3 = \frac{v_3}{R_3}$ 이다.

합 $i_1 + i_2 + i_3$ 는 R_f에 흐르게 된다. 그러므로 출력전압은 $v_{out} = -(i_1 + i_2 + i_3)R_f$ 또한

$$v_{out} = -\frac{R_f}{R_1}v_1 - \frac{R_f}{R_2}v_2 - \frac{R_f}{R_3}v_3$$

로 된다. 만약 $R_1 = R_2 = R_3 = R_f = R$이면 $V_{out} = -(V_1 + V_2 + V_3)$ 이다.

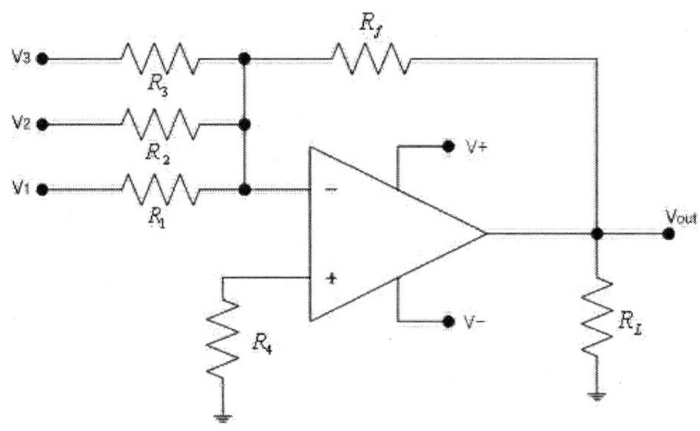

그림11.5 가산기 회로

Ⅱ 실험

실험 1 적분기

(가) 그림11.6의 적분기 회로를 구성하고 오실로스코프를 대략 다음과 같이 맞춘다.

- 채널 1,2:0.5V/DIVISION 직류결합
- 시간배율: 20us/division

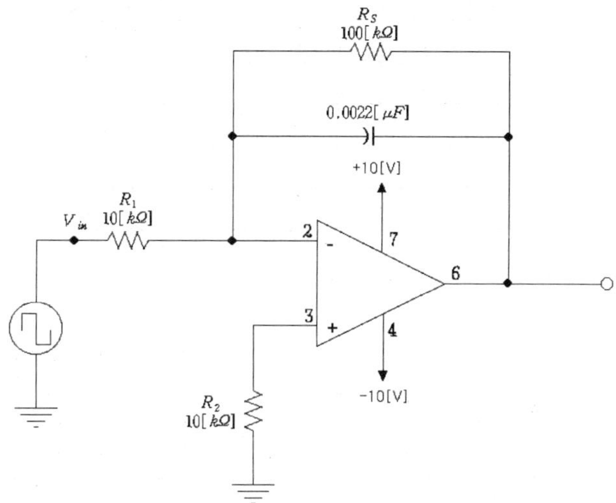

그림11.6 적분기 회로

(나) 브레드보드에 전원을 가하고 입력전압을 조절하여 첨두간 전압이 1V이고 주파수가 10khz인 구형파가 되도록 한다.

(다) 오실로스코프의 채널 2에 연결된 프로브를 잠깐 동안 제거하고 수평선을 화면의 편리한 곳에 오도록 조절한다. 프로브를 다시 적분기의 출력에 연결하고 삼각파의 첨두 전압을 측정하여 그 결과를 표11-1에 기록한다. 입력신호와 출력신호를 그림11.7에 그리시오.

(라) 표11-1에 제시한 구형파 주파수 값을 입력하여 실험(나)와 (다)를 수행한다. 입력신호와 출력신호를 그림11.8과 11.9에 그리시오.

표11-1

입력 주파수	첨두출력 측정값
10kHz	
4kHz	
100Hz	

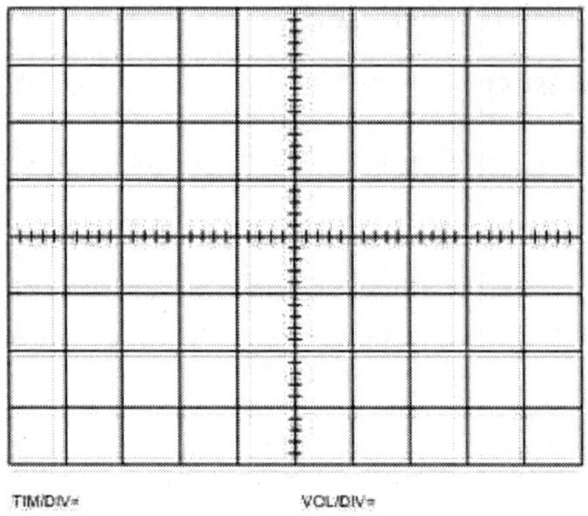

그림11.7

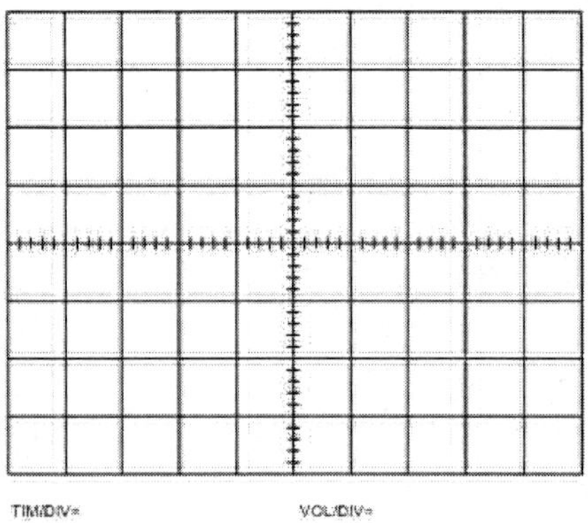

그림11.8

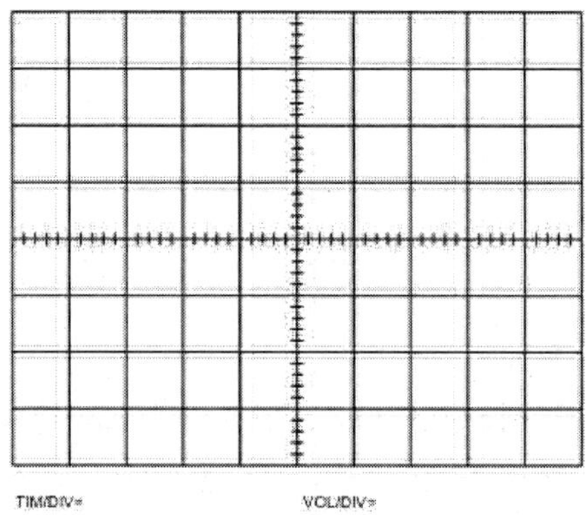

그림11.9

실험 2

(가) 그림11.10의 미분기 회로를 구성하라.

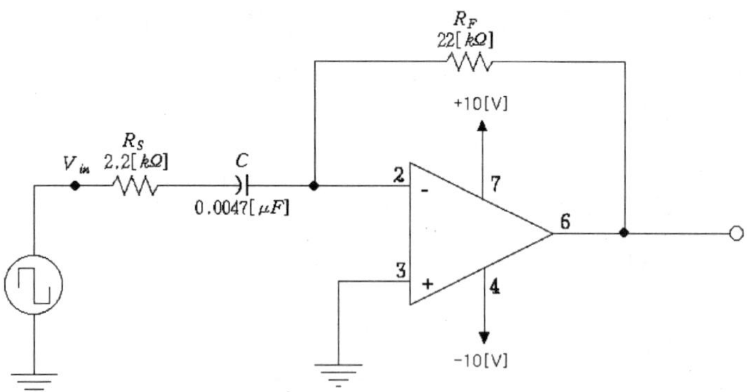

그림11.10 미분기회로

(나) 신호발생기의 출력을 주파수 400 [Hz], 삼각파 0.5 V_{p-p}로 조정하라. 삼각파 입력에 대한 미분기의 입력파형과 출력파형을 측정하여 그림11.11에 그리시오. 또한 구형파의 첨두 전압을 측정하여 그 결과를 표11-2에 기록한다.

표11-2

입력 주파수	첨두출력 측정값
400Hz	
1kHz	
30kHz	

(다) 표11-2에 제시한 구형파 주파수 값을 입력하여 실험(나)를 수행한다. 입력신호와 출력신호를 그림11.12과 11.13에 그리시오.

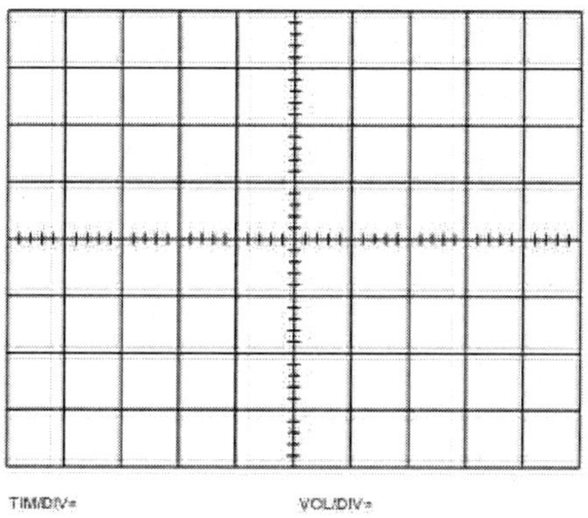

그림11.11

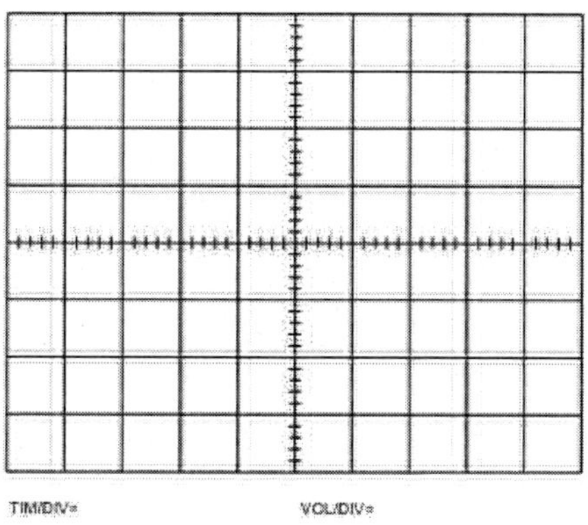

그림11.12

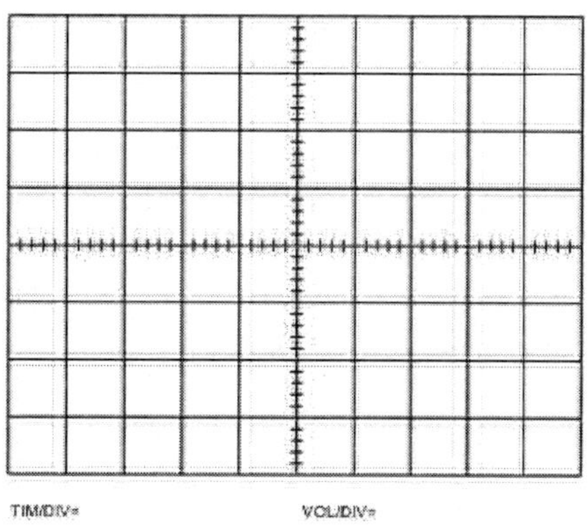

그림11.13

실험 3

(가) 그림11.14과 같이 회로를 구성하시오.

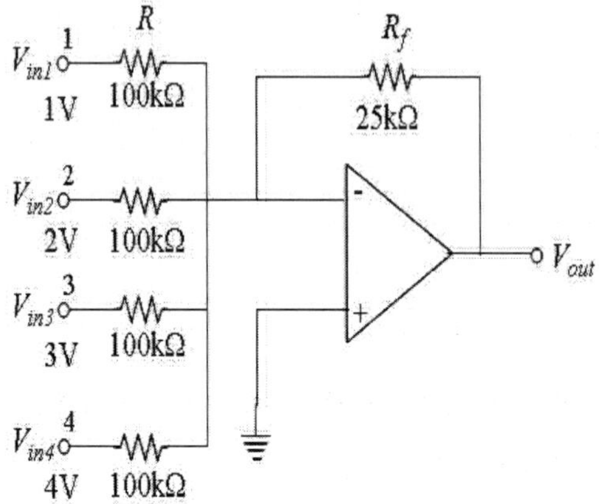

그림11.14 가산기 회로

(나) V_{out}값을 멀티미터로 측정하여 표11-3에 기록하시오.

(다) V_{out}값을 계산하여 표11-3에 기록하시오.

표11-3

V_{out} 계산값	V_{out} 측정값

실 험 보 고 서

실험제목			실험일자	
학년	반	학번	실험조	성명

실험 1

입력 주파수	첨두출력 측정값
10kHz	
4kHz	
100Hz	

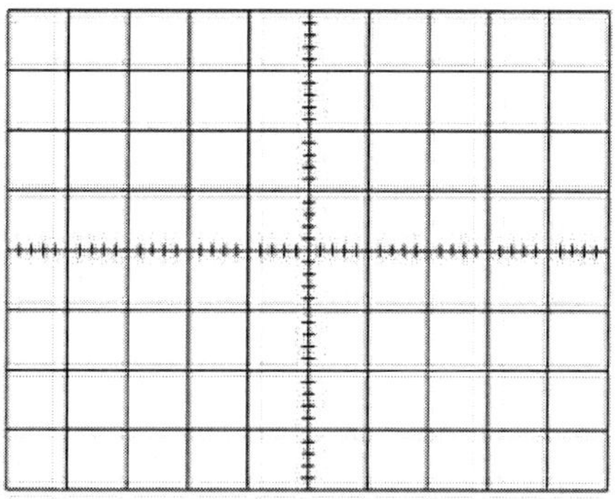

TIM/DIV= VOL/DIV=

그림11.7

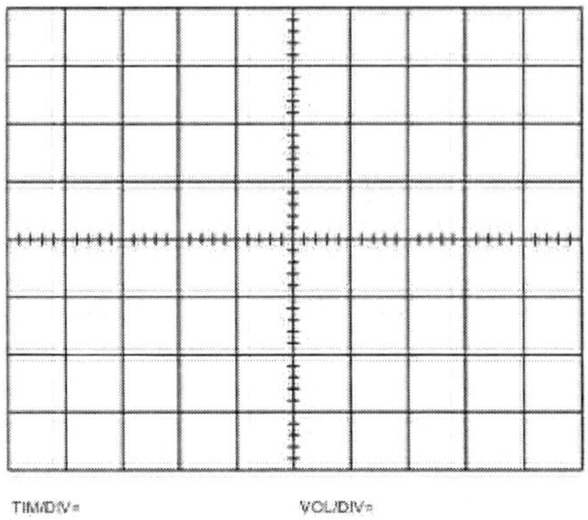

그림11.8

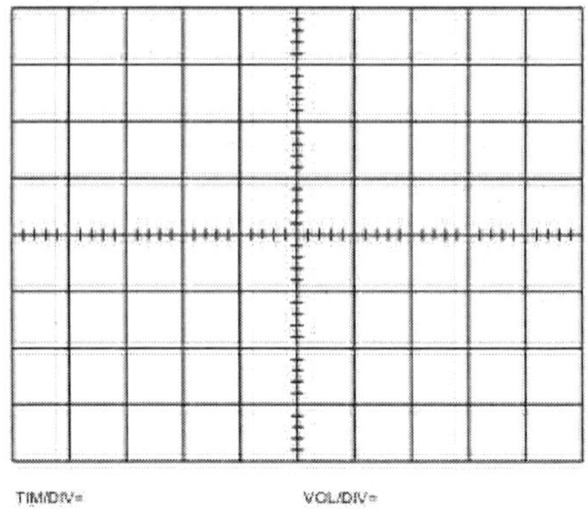

그림11.9

실험 2

입력 주파수	첨두출력 측정값
400Hz	
1kHz	
30kHz	

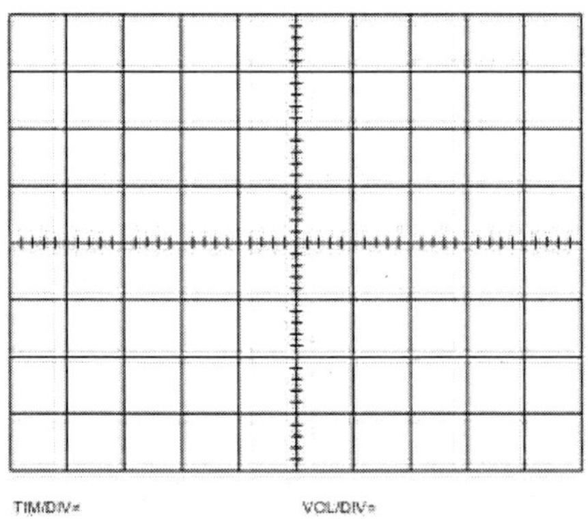

그림11.11

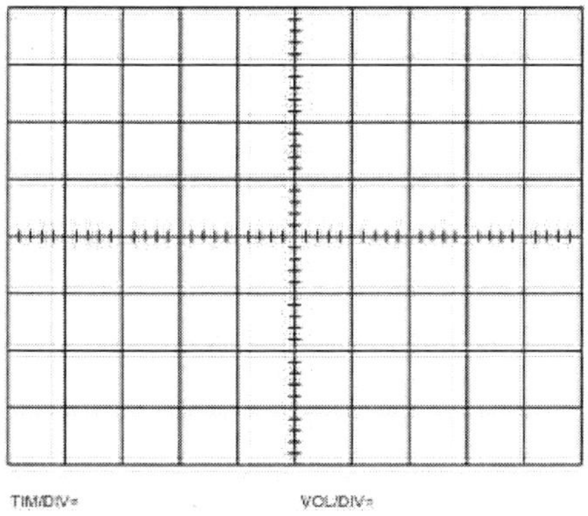

그림11.12

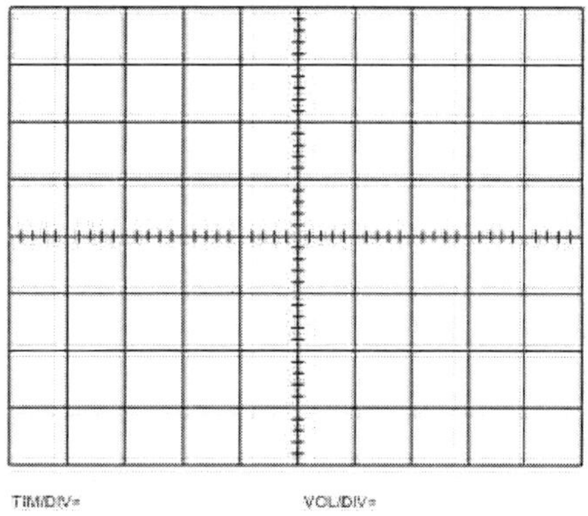

그림11.13

실험 3

표11-3

V_{out} 계산값	V_{out} 측정값

실험 12 연산증폭기 응용 2

<table>
<tr><td>실습목적</td><td colspan="4">• 연산증폭기를 이용한 다양한 응용회로를 구성하여 실험적으로 확인한다.</td></tr>
<tr><td rowspan="9">실습준비물</td><td>계측기</td><td colspan="2">• 오실로스코프
• 가변직류전원
• 함수발생기</td><td>1대
1대
1대</td></tr>
<tr><td rowspan="8">부 품</td><td>• 브레드보드</td><td></td><td>1개</td></tr>
<tr><td>• IC</td><td>NE555</td><td>1개</td></tr>
<tr><td>• 레귤레이터</td><td>uA7812</td><td>1개</td></tr>
<tr><td>• OP-AMP</td><td>LM741</td><td>1개</td></tr>
<tr><td>• 저항</td><td>1kΩ,2.2kΩ, 4.7kΩ,10kΩ
100kΩ,</td><td>각 2개</td></tr>
<tr><td>• 캐패시터</td><td>0.01uF, 0.022uF, 0.1uF,
1uF, 10uF, 100uF</td><td>각2개</td></tr>
<tr><td>• 다이오드</td><td>1N4001, 5.1V제너</td><td>각 2개</td></tr>
<tr><td>• 트랜지스터</td><td>Power TR</td><td>1개</td></tr>
</table>

I 실험

실험 1 전압안정화 회로

(가) 그림12.1의 회로를 구성하시오.

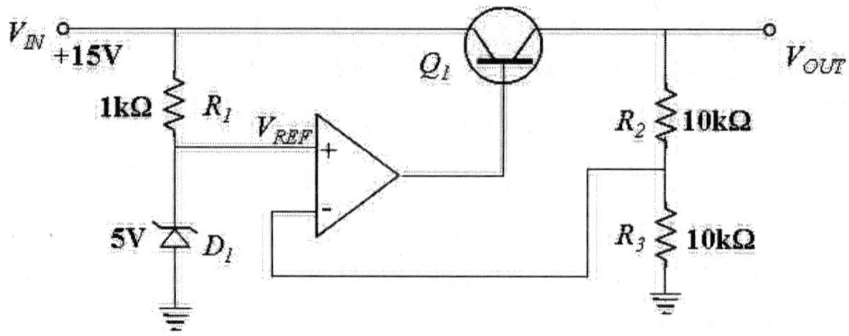

그림12.1

(나) 직렬 전압안정화 회로에서 출력전압의 변화는 *R2*와 *R3*으로 구성된 분압기가 감지하며 감지된 전압은 OP-Amp의 반전 입력단자에 인가된다.

(다) OP-Amp의 비반전 입력단자의 전압은 제너 다이오드에 의해 V_{ref}로 고정된다. V_{ref} = ________________ [V]

(라) 기준전압 V_{ref}와 감지된 전압의 차가 OP-Amp의 차동입력으로 인가되어 Q_1 트랜지스터(Power tr.)의 이미터-베이스간 전압 V_{EB}를 조절함으로써 고정된 출력전압을 얻을 수 있게 된다.

(마) 그림12.1에서

- $A_{cl} = 1 + \frac{R_2}{R_3}$

- $V_{out} = (1 + \frac{R_2}{R_3})\, V_{ref}$ 으로 계산하여 구할 수 있다.

(바) 그림12.1에서 입력전압과 출력전압을 멀티미터로 측정하여 기록하시오.

V_{in} = ________________ [V] , V_{out} = ________________ [V]

실험 2 IC 전압안정화 회로

(가) 그림12.2의 회로를 구성하시오.(V_{IN} = 15 V)

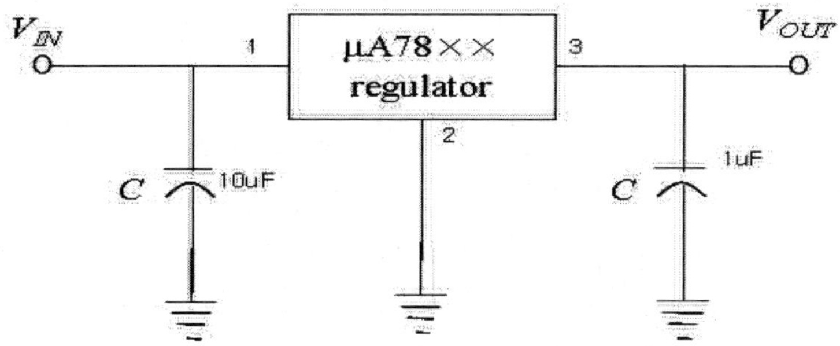

그림12.2

(나) 그림12.2에서 출력전압을 멀티미터로 측정하여 기록하시오.

V_{out} = ________________ [V]

실험 3 555 타이머(1)

(가) 그림12.3의 회로를 구성하시오.

(나) 그림12.3은 비안정모드로 동작하는 회로이다. 출력신호를 그래프에 그리시오. 이때 출력주파수와 듀티비를 측정하여 기록하시오.

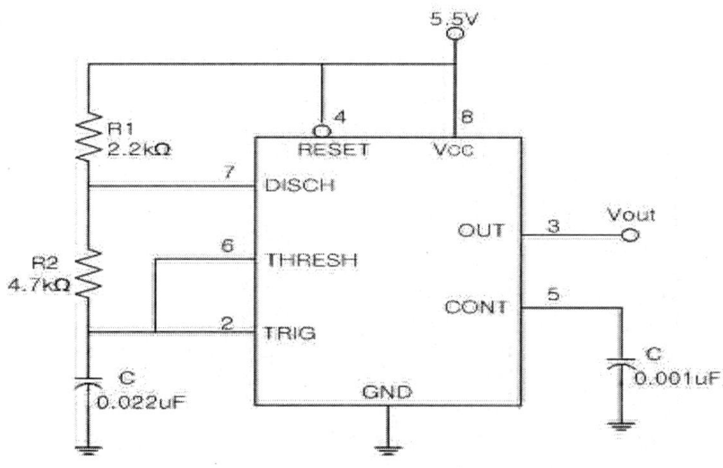

그림12.3

• 출력주파수(f) = ____________ [kHz] , Duty ratio = __________ [%]

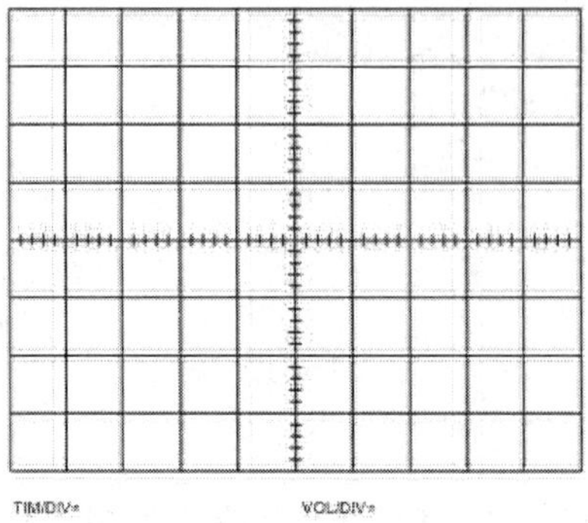

그림12.4

실험 4 555 타이머(2)

(가) 그림12.5의 회로를 구성하시오.

(나) 그림12.5는 Monostable로 동작하는 회로이다. 스위치를 누를 때 마다 출력신호를 그래프에 그리시오. 이때 출력신호수의 듀티비를 측정하여 기록하시오.

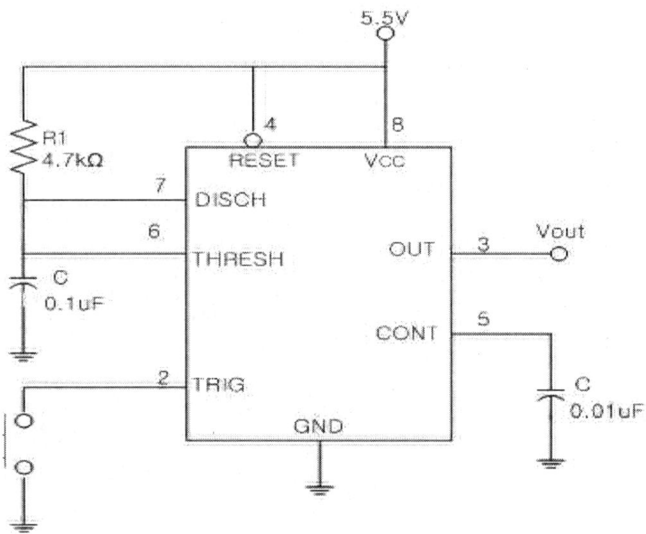

그림12.5

• **Duty ratio =** ____________ **[%]**

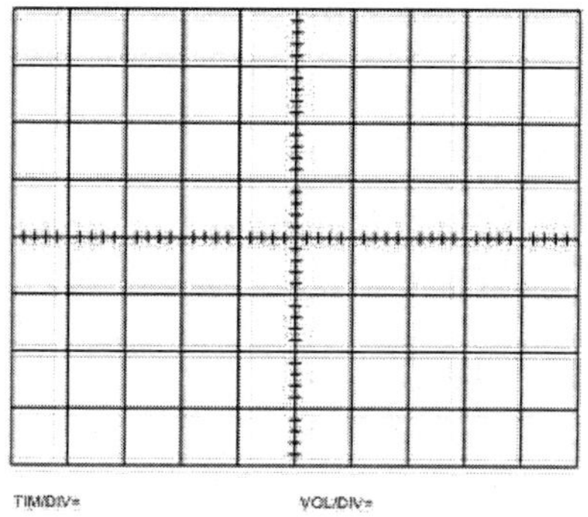

그림12.6

실험 5 555 타이머(2)

(가) 그림12.7의 회로를 구성하시오.

(나) 회로의 출력전압을 멀티미터로 측정하여 기록하시오.

$V_{OUT}=$ ________________ [V]

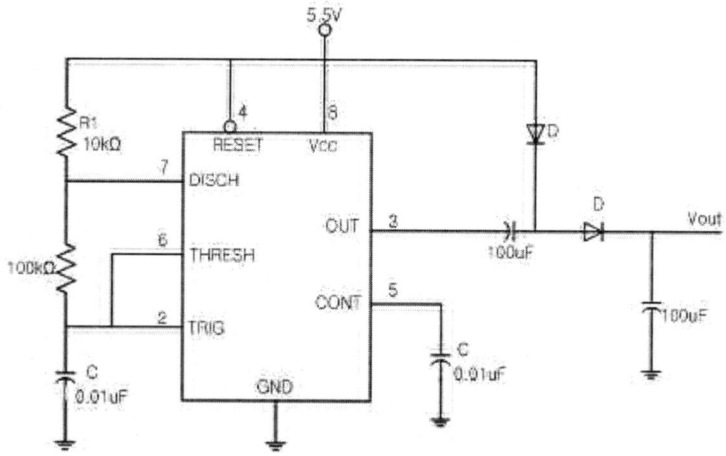

그림12.7

실습으로 익히는 기초 전자회로

2014년 8월 25일 인쇄
2014년 8월 27일 발행
저 자 최 홍 주 저
펴낸이 오 성 걸
펴낸곳 **오성미디어**
주 소 132-916 서울시 도봉구 창 3동 491-1
전 화 02)997-0136
FAX 02)997-0137
등 록 2000. 5. 12 제 7-212 호

ISBN 978-89-6628-141-1 값 14,000 원